guide

导读

维特根斯坦《逻辑哲学论》

Wittgenstein's
'Tractatus Logico-Philosophicus':
A Reader's Guide

罗杰·M.怀特（Roger M. White）　著

张晓川　译

重庆大学出版社

目 录

前　言

　　如书名所示，本书是为有心钻研维特根斯坦的《逻辑哲学论》的朋友而写的一本导读书。这意味着，虽然本书的写法使得读它的时候可以不同时读《逻辑哲学论》，但从本意上说，它是为原著读者而写的，目的是让读者能在研读《逻辑哲学论》时予以参考，也能反过来参考。

　　《逻辑哲学论》是一部难读的文本，因此关于其正确解读就有了相当多的争议，而争议不但涉及特定段落的具体注疏，甚至关乎整本书所论述的主题。凡是讨论《逻辑哲学论》的著作，无不会在这点或那点上激起异议。我不可避免地在这本导读中发展出一套特定的讲法，给出我个人对《逻辑哲学论》整体结构的描绘，给出我对其中关键段落的解读，同时在有人提出其他解读的各处予以提示。有鉴于此，无论哪位作者的著作，凡是论及《逻辑哲学论》之处，读者绝不可简单地听信其言，一定要拿作者的论述与原著文本对勘一番。这条告诫显然既适用于本书，又同样适用于其他任何谈及《逻辑哲学论》的著作。

　　不太显然的是，上述告诫也适用于维特根斯坦本人在《哲学研究》中写到《逻辑哲学论》的地方。不少人在上手读《逻辑哲学论》之前，已经先行接触过维特根斯坦的后期哲学。当今有关《逻辑哲学论》的一个争议焦点，正是维特根斯坦的哲学从其思想的早期到后期的连续程度。依我个人的看法，连续成分和非连续成分都被低估了。说连续成分被低估了，是因为他在《哲学研究》中处理的问题大多正是早期也处理过的根本问题，而他的后期著作只有联系到《逻辑哲学论》的问题来看，方能得到恰当的理解。说非连续成分被低估了，是因为他后来彻底摒弃了此前对那些问题所采取的进路。我们不能理所当然地认为他后来的思想一定比他先有的思想更好。依我个人观点看，假如你以为《哲学研究》总能取代之前的著作，那么《逻辑哲学论》中不少极高明的洞见就有丧失的危险。无论如何，读者应该先按《逻辑哲学论》本身的观点来评判它，再尝试评估维特根斯坦后来有关它的说法。解读《逻辑哲学论》时，应该首先把它放在恰当的语境——弗雷格和罗素发起的论辩当中去看。而《逻辑哲学论》虽然属于《哲学研究》写作时所处的语境，《哲学研究》却完全不属于《逻辑哲学论》的语境。

有关《逻辑哲学论》要强调的另一点是，大家常常以为维特根斯坦是一位纯粹直觉型的思想家，以为他提出其主要观点时是没有论证的。实情恰恰相反。真正来说，维特根斯坦的论证都有所提示，只是没有详细展开。这本导读里，我尤其注重梳理的，不只是维特根斯坦说了什么，还包括他那种格言体说理方式背后所隐含的论证。

我想感谢许多人参与讨论《逻辑哲学论》以及协助筹备本书。我要向以下各位表示感激：西格·汉森（Sig Hansen）、乔纳森·霍奇（Jonathan Hodge）、贾斯汀·艾恩斯（Justin Ions）、欧金尼奥·隆巴尔多（Eugenio Lombardo）、安德鲁·麦戈尼格尔（Andrew McGonigal）、彼得·西蒙斯（Peter Simons）。尤其要感谢爱妻加布里埃尔(Gabrielle)在本书整个写作过程中给予我无价的帮助。我也极大地受益于斯特林大学(Stirling University)过去几年的《逻辑哲学论》研讨班,尤其受益于同彼得·沙利文(Peter Sullivan)的讨论。最后,这套丛书的各位编辑在筹备本书出版时那种可靠的助人精神,也令我十分感佩。

1

背　景

维特根斯坦生平简述（至《逻辑哲学论》出版为止）

　　路德维希·约瑟夫·约翰·维特根斯坦（Ludwig Josef Johann Wittgenstein）1889 年生于维也纳。他是卡尔与列奥波蒂娜·维特根斯坦夫妇（Karl and Leopoldine Wittgenstein）一家八个孩子里年纪最小的。父亲卡尔是富有的钢铁工业大亨，还把自己家营造成维也纳音乐生活的中心之一，例如勃拉姆斯就是家里的常客。卡尔为了帮助勃拉姆斯，在府上举办过一场勃拉姆斯单簧管五重奏的私人演奏会。

　　路德维希先是去了柏林读工科，然后在曼彻斯特继续研究航空工程学。他在曼彻斯特时开始对数学的基础感兴趣，这或许发生在他读过伯特兰·罗素的《数学的原理》（*Principles of Mathematics*）一书之后，因为这本书给维特根斯坦留下了很深的印象。这使他决意研究数学的基础，而据目前看来最可靠的记载是，他去找戈特洛布·弗雷格请教该如何把他的研究进一步做下去。弗雷格建议他去剑桥拜罗素为师。于是到了1911年,维特根斯坦前往剑桥,在罗素门下工作了五个学期,期间开始进行逻辑学探究,而这项探究最终将成为本书讨论的《逻辑哲学论》。1912年,他移居挪威,独自继续工作。接下来,第一次世界大战爆发了。维特根斯坦参加了奥地利军队,一边服现役,一边继续做他的逻辑研究。临近战争结束时,维特根斯坦住在叔叔家里休假时完成了《逻辑哲学论》。他回到前线后被俘虏,当时身上就带着《逻辑哲学论》的手稿。

手稿的复印本后来被送到了弗雷格和罗素手中。让维特根斯坦失望的是,弗雷格并无好评,他主要是不赞成该书的阐述方式;从他与维特根斯坦的通信中可以看出,他对这本书不甚了了。《逻辑哲学论》的体例似乎是那么让弗雷格反感,以至于他几乎没有打算了解其中的内容。罗素对这本书却有很不错的印象,还为它写了一篇如今与正文一同印行的导言。可维特根斯坦对这篇导言的反应很粗暴:

> 拿到导言的德语译文后,我终究无法勉强自己让这篇导言与我的书一起付印。因为,你英文文笔里的那份雅致——当然——多半译没了,剩下的只是肤浅与误解。[1]

(虽然维特根斯坦的反应可以理解,毕竟有一些维特根斯坦尤为看重的论点是罗素曲解或没能理解的,但导言中也不乏有所助益的内容。)但毕竟收入罗素的导言是出版条件之一,维特根斯坦最终还是咽下了他的傲气。《逻辑哲学论》由劳特里奇与凯根·保罗出版社(Routledge and Kegan Paul)于1922年出版,附有一份名义上由C.K.奥格登完成的译文,不过翻译工作的主体部分实际上是弗

1　见维特根斯坦给罗素的信,1920年5月6日(*Notebooks 1914-16* [ed. G.H. von Wright and G.E.M. Anscombe; 2nd edn; Blackwell: Oxford, 1979], p. 132)。

兰克·拉姆齐[1]承担的。

维特根斯坦在思想上所受的影响

维特根斯坦在 1931 年的一条笔记里列出了对他的思考有过影响的人,名单如下:玻尔兹曼、赫兹、叔本华、弗雷格、罗素、克劳斯、路斯[2]、斯宾格勒[3]、斯拉法[4]。维特根斯坦写作《逻辑哲学论》期间,对他影响最深的是弗雷格和罗素,不过在概述他们的思想之前,不如先对这里提到的另外几个名字评点一番。

维特根斯坦少年时热衷叔本华,而叔本华也是名单上除弗雷格和罗素之外仅有的哲学家。维特根斯坦少年时受叔本华影响,接受了一种观念论哲学。叔本华的幽灵在《逻辑哲学论》中的某些地方仍留有踪影,但到这时,也只是作为有待祛除的幽灵而已。

维特根斯坦曾一度想跟随路德维希·玻尔兹曼学习。玻尔兹曼和海因里希·赫兹(Heinrich Hertz)都是维特根斯坦仰慕的物理学家。他们把科学理论看作模型的那种兴趣,也许是维特根斯坦命题图画论的灵感来源之一(参见 4.04)。[5]

若说卡尔·克劳斯对维特根斯坦有一种影响,这种影响也属很不同的一种。克劳斯曾为杂志《火炬》(*Die Fackel*)做编辑工作,

---

1 弗兰克·拉姆齐(Frank Ramsey, 1903—1930),英国数学家、哲学家、经济学家。——译者注

2 阿道夫·路斯(Adolf Loos, 1870—1933),奥地利建筑师、建筑理论家,现代建筑运动的先驱。——译者注

3 奥斯瓦尔德·斯宾格勒(Oswald Spengler, 1880—1936),德国历史学家、历史哲学家,以《西方的没落》一书闻名。——译者注

4 皮耶罗·斯拉法(Piero Sraffa, 1898—1983),意大利经济学家,新李嘉图学派的创立者。——译者注

5 苏珊·斯特雷特(Susan Sterrett)在《维特根斯坦放风筝》(*Wittgenstein Flies a Kite*; Pi Press: New York, 2006)一书中探究了这些可能的影响。

并为之撰稿。他宣称："我的语言原本是妓女，是我把她变回了处女。"克劳斯在意的事情里，很大一部分是向赞语、修辞膨胀与委婉语中的语言误用发起论战。例如，在第一次世界大战期间，他以官方公报的遁词在战争现场的实际意谓与之质证。若从维特根斯坦如下陈词的背后看出克劳斯的影响，我觉得不算别出心裁："整本《逻辑哲学论》可以概括为这样一句话：凡是可说的都可以说清楚，不可说的则必须付诸沉默"（前言，p. 27），或"要求意义的确定性"（3.23），给定任何命题，我们都必须能归结到那些构成了世界的简单而具体的事态来说出这个命题相当于什么，如果不能，就该斥之为胡话。

然而，最主要的影响来自弗雷格和罗素，我们会在本书的各处接触到他们的思想。下面我会大致概括他们著作中的相关内容，以作为我们研读《逻辑哲学论》之前的初步导引。

弗雷格

弗雷格一生的工作都献给了后人称为"逻辑主义"的事业，即捍卫如下论点：算术与数论的真命题都是伪装的逻辑真理，所以把"数"、"相加"等独属数学的概念替换掉之后，可以表明，这时所得的结果能够由纯逻辑公理推导出来。

弗雷格完成这项工作的努力，可以划分为三个阶段，对应他的三部著作：《概念文字》（1879）、《算术基础》（1884）和《算术基本法则》（第一卷出版于1893年，第二卷出版于1903年）。

任务的第一部分是构想出一套对逻辑的说明，这套说明必须有足以完成这项任务的力量。不要以为能在亚里士多德逻辑的限度内推导出整个算术，那是很荒谬的。由于亚里士多德仅仅认识到有限的几种逻辑形式，也由于接下来的十几个世纪里，在亚里士多德的成就之上极少有显著的进步，因此逻辑学曾一直是本质上僵死的学科。弗雷格在逻辑学中发起的革命,最初是在《概念文字》一书中概述的。这里要理解的关键之处是他对"量化理论"的发明,这是他处理概括性问题——包含"所有"、"各个"、"每个"、"有些"等概念的命题所产生的问题——的新途径。亚里士多德逻辑是围绕着诸如"所有人都是会死的"和"有些人是会死的"这些命题建立起来的,但这种逻辑处理不了更复杂的概括——特别是混合多重概括命题,这类命题不仅包含一个全称概括记号,例如"每个"或"所有",还包含一个存在概括记号,如"有些"。亚里士多德逻辑无法恰切地表示诸如"每个人都爱某个人"[1]这类命题的逻辑形式,更不用说涉及这类命题的推论了。弗雷格看到,要从不同于亚里士多德的路线去处理概括性问题。我们要把"每个人都爱某个人"这样的命题看作一个双阶段过程的产物。我们首先从"约翰爱玛丽"这样的命题中提炼出关系表达式"ξ 爱 η",其中希腊字母"ξ"、"η"可以看成占位符,表明若要产生一个命题则需在何处插入名称。第一阶段,我们"约束"后一个变元"η",以此从上述关系表达式中形成一个谓词"ξ 爱某个人"。我们把得到的谓词记作如下形式:$(\exists y)(\xi$ 爱 $y)$。(这里用的不是弗雷格本人的记法,而是《逻辑哲学论》文本里也可见到的罗素式记法。)第二阶段,我们用类似手段"约束"那个"ξ",这样就产生如下命题:"给定任一人x,则$(\exists y)(x$ 爱 $y)$",而这个命题我们记作"$(x)(\exists y)(x$ 爱 $y)$"。要注意,假如把这一过程的两个阶段颠倒过来,就会得到一个不同的命题,其意义也不同:$(\exists y)(x)(x$ 爱 $y)$——意思是,有个人是每个人都爱的。这样逐阶段地建立命题,能构造出具有任意复合性的命题,创造出越来越多超出亚里士多德逻辑所能想见的逻辑形式。正是这一进步使得弗雷格凭借一己之力,把逻辑学从过去的琐碎教条转化成今人所知的利器。

1　这个命题用中文也可表述成"每个人都有一个所爱之人"。——译者注

　　接下来,弗雷格为他的逻辑制定了一组公理,以构成一个我们能在其中严格证明逻辑真理的体系。在这一体系核心处,有一部分为今人所称的一阶谓词演算提供了完全的公理化,自此成为逻辑学的基石。

　　《算术基础》一书,则是弗雷格的哲学杰作。这本书里,弗雷格专门分析算术的基本概念,尤其是回答"数是什么"这一问题。针对我们的目的,关于这本书有两点需要特别指出。第一点,弗雷格在这本书里把今人所称的"语境原则"引入为一条基本原则,这个原则在《逻辑哲学论》中也被赋予根本的重要性,我们会在第 3 节来具体考察(详见对 3.3 的讨论)。第二点,为了推进把算术还原为逻辑的事业,弗雷格把数看作特定种类的集合(这用他的术语叫"概念的外延"[extensions of concepts])。因此他的下一部著作会引入一些公理,打算以此把一套集合论合并到他的逻辑之中。不过,他在这一步的做法引出了一些难题,而正是这些难题让罗素登场。

　　在《算术基本法则》一书中,弗雷格着手全面实施其纲领:他从几个简单的公理和一个推理规则(modus ponens)出发,准备把算术中的真命题作为他的体系中的定理推导出来。这些公理的目的是充当基本的逻辑真理,不过其作为逻辑真理这一点,弗雷格只是让它停留在了直观层面。这些公理大多是些平凡的东西(例如,若 p 则[若 q 则 p]),没有人会对其逻辑真理的地位有异议。然而要完成他的纲领,他还需要添加几条公理,把一套集合论合并到他的逻辑当中。而正是在这里,灾难降临了。可以表明,其中一个公理 Vb 会导致矛盾。这条公理告诉我们,每个概念都有一个外延,换句话说,给定任何属性都存在这样一个集合,该集合以具备这一属性的所有事物且仅以这些事物为其成员。而罗素发现的是,一旦考虑"是一个不属于自身的集合"这一属性,这条公理就会导致悖论。那么我们下面就讨论罗素的思想。

罗 素

假设我们接受了弗雷格的公理中包含的那种直观的集合观念,即给定任何概念都存在一个集合,其成员恰好是所有那些归于这一概念之下的事物。那么,有些概念属于其自身,其他概念不属于其自身:照此说来,成员多于 10 个的所有集合构成的集合,其成员多于 10 个,故属于其自身;而成员少于 10 个的所有集合构成的集合,其成员并不少于 10 个,故不属于其自身。

我们接下来可以考虑"是一个不属于其自身的集合"这个概念。弗雷格的公理保证存在这样一个集合,不妨称为集合 A,其成员是所有归入上述概念之下的集合。对于 A,我们可以问一问 A 自身是否属于其自身。先假设 A 属于其自身。那么,A 必定满足属于 A 的条件。即是说,A 必定是一个不属于其自身的集合,而这与我们的假设相矛盾。所以 A 不属于其自身。因此 A 不满足若属于自身则要满足的条件。换言之,A 不是一个不属于自身的集合,而这又是个矛盾。

因此,我们必须拒斥弗雷格的公理 Vb,并另外提出一种集合论,这种集合论并不假定,给出任一属性,你都能理所当然地接着谈论起具有该属性的事物的集合。因此,罗素以修复弗雷格体系为己任,着手修改其中的集合论。他的招数是找一条原则性的途径,既充分弱化弗雷格的公理以避免矛盾,同时又让这些公理有足够的强度以从中推导出算术真理。

弱化弗雷格的公理的任务是靠罗素的"类型论"(Theory of Types)完成的,本书"主题概述"一章的开头会有更详细的讲解。弗雷格那种不受拘束的集合论,将由一种分层的集合论所取代。首先,我们从个体出发,进而形成个体的集合(类型 1 的集合),然后形成这样的集合,其所有成员都或者是个体,或者是个体的集合

（类型 2 的集合），等等。此外，类型论中还附有如下规则：任何集合都不可包含与自身同属一个类型的成员，也不可包含比自身更高类型的成员。这样一来，既没有哪个集合可以属于其自身，也不可能有不属于自身的集合所组成的集合，于是就阻止了罗素悖论的出现。

这时得到的公理体系，就其目前这样来说，已经不会再产生罗素原先发现的矛盾。但同时，经过这样一番弱化，这个体系也不足以证明算术要求的所有定理了。因而，罗素觉得有必要新增三条公理以恢复体系所需的强度，同时还要让它仍然免于悖论。

7   维特根斯坦对罗素工作的反应

故事讲到这里，可以引入维特根斯坦本人了。维特根斯坦对罗素做的工作有两点不满。其一是他对类型论的担忧，而类型论是我们下一章的话题。其二是罗素不得不引入的三条附加公理——"可还原性公理"（Axiom of Reducibility）、"无穷公理"（Axiom of Infinity）以及"乘法公理"（Multiplicative Axiom）。这些公理虽然给了罗素不少他想要的结果，但也引发了一个问题："这些公理处于什么地位？"这些公理为真吗？如果为真，这些公理是逻辑真理吗？最后一个问题引出了进一步的问题："说某个东西是或不是逻辑真理，这相当于说什么？"

什么使他的公理成为逻辑真理这个问题，弗雷格总体上把它留作直观层面的问题，但这些公理至少有逻辑真理的外观。然而对这个问题，罗素却做出了完全不周全的回答（参见下文对《逻辑哲学论》6.1 的讨论），并纯粹为拯救他的体系而引入一些公理，而这些公理纯凭逻辑为真的说法是十分可疑的。而这些公理若不是逻辑真理，怀特海和罗素在《数学原理》（Principia Mathematica）中声称他们证实了逻辑主义,就没有什么根据了。倘若真是这样,《数学原理》的体系就不过是位列各种数学公理体系之侧的另一个数学公理体系而已。

以此为背景,我们可以认为,维特根斯坦进行这项以《逻辑哲学论》为成果的探究时,是从下面两个初始问题着手的:"我们该如何评价类型论?"和"我们可以给逻辑真理以什么样的说明?",其中,回答第二个问题可以让我们理解逻辑真理的独特地位:逻辑真理既是必然的,又是先天可知的。不过接下来,我们从第一个问题开始讨论。

主题概述

　　因此这本书旨在为思想设定界限，或者毋宁说，不是为思想，而是为思想的表达设定界限：因为要为思想设定界限，界限的两边就都必须是我们所能思考的（这样一来我们就必须能够思考那无法被思考的东西）。

　　因此这界限只能在语言中画出来，而界限之外的根本就是胡话。[1]

初步概览《逻辑哲学论》的最好方法或许是认真读一读"自序"，尤其是这里引用的两段话。这会立刻引发两个问题："这里所说的'界限'（或边界[Grenze]）是指什么？"以及"为什么有人想设定这样的界限？"

　　回答这类问题，我们要从与《逻辑哲学论》直接相关的语境出

1　L. Wittgenstein, *Tractatus Logico-Philosophicus* (trans. C. K. Ogden; Routledge: London, 1922; trans. D. F. Pears and B. F. McGuinness; Routledge: London, 1961), Author's Preface, p. 3.

发,尤其要把《逻辑哲学论》当作他对罗素的工作的反应来看。我们已在前面介绍过,罗素发现,有一种途径(即罗素悖论)可以从弗雷格《算术基本法则》的公理中导出矛盾——不属于其自身的所有集合所组成的集合属于其自身,当且仅当该集合不属于其自身。这类逻辑悖论之所以吸引人,不只在于这是些有趣的谜题,更在于这是一些征候,反映出我们对我们的某些最基本的观念有深层的误解:我们一旦把那些观念的直观理解追究下去即会陷入矛盾,那我们就必须从根本上修正原来的理解。罗素在《数学原理》中为自己设定的任务,核心就在于修正弗雷格的逻辑学,即在于找到原则性地应对其悖论的方法。他的目的是让我们看出,尽管我们对集合概念的直观理解把那句越界的话("所有不属于其自身的集合所组成的集合,是属于其自身的")打扮得有意义,那句话本身终究是胡话(nonsense)。罗素的入手点,大体是把我们对集合概念的直观理解(给定任一属性,都存在一个集合,其成员正好是所有具有这一属性的事物)替换为一种层级性的观念,即"类型论"。而与这种层级性的集合观念相配套的,是一种层级性的谓词观念:任何谓词都不能有意义地应用于错误类型的实体。但凡像造成困难的上述悖论句中那样,尝试在构造句子时违犯类型限制,把谓词用在错误类型的实体上,其结果都会是胡话。

　　维特根斯坦所做的以《逻辑哲学论》为最终成果的探究工作,其出发点之一就是不满于罗素对悖论的解答,或不如说是不满于罗素着手解答悖论的思路:

　　　　3.331 罗素的错误体现在这一点:他为他的记号制定规则时,不得不谈论那些记号所意谓的事物。

维特根斯坦所不满的到底是什么? 区分有意义语句与胡话时,为什么不能谈论记号所意谓的事物呢? 对此,他后来又做过解释,而且讲得比《逻辑哲学论》更清楚一些:

要为语法约定提供辩护,不能采取描述被表现者的办法。任何这类描述都已经预设了那些语法规则。换句话说,如果某种东西在我们欲为之辩护的那种语法里被视为胡话,这种东西就不能同时又在为语法提供辩护(等诸如此类)的命题里被当作有意义。[1]

罗素想说,如果谓词 fx 只能取某一类型的自变元,但 a 又是一个更高类型的实体,那么"fa"就会是胡话。但这样做马上会搬起石头砸自己的脚。比如我们说"诸个体的集合是一个个体"这句话是胡话,而之所以是胡话,是因为谓词"x 是一个个体"只能用于个体,但诸个体的集合不是一个个体。结果我们这番解释的最后一句本身倒是句胡话了:我们设立类型限制的行为,违犯了我们想设立的类型限制。看样子,按罗素的办法,我们无论怎样表述类型论,最后都会说出被类型论本身贬斥为胡话的句子。这就仿佛是罗素试图站到语言和世界之外,从上面俯视这两者,看这两者哪里匹配哪里不匹配,以此确定意义与胡话之间的边界。维特根斯坦则主张,我们必须坚决停留在语言之内,而类型论(*theory of Types*)这种东西也是不可能存在的:类型论试图说出的东西是完全说不出来的,它需要由语言的工作方式显示出来。要看出如何从语言中清除悖论句,就得从完全不同于罗素的方法着手。维特根斯坦在 3.33 提示到,我们的任务是建立一套对逻辑句法的说明,即一套指出了哪些记号组合是该语言中的命题的说明,而且这套说明无论何时都不能像罗素那样去诉诸记号的意谓。假如能完成这个任务,我们就达到了罗素想用类型论取得的结果,但取得这个结果的途径,是为语言提出这样一种语法:这种语法既能生成语言中的命题,同时所生成的命题又永远不会违犯那些罗素希望能得到遵守的类型限

10

1   L. Wittgenstein, *Philosophical Remarks* (ed. R. Rhees; trans. R. Hargreaves and R. M. White; Blackwell: Oxford, 1975), p. 55.

制。我们对语言最终作出的说明不把罗素所说的话说出来,但该
语言的结构会显示出罗素想要说它存在的结构。实际上,该语言
的结构将镜映它所关涉的实在。

> 我的工作已经从逻辑的根基扩展到了世界的本质。[1]

讲到这里,也许听起来我们只是在处理一个技术性问题,涉及如何
正确处理逻辑悖论,但维特根斯坦从我刚刚勾勒的思路中,引出了
一条更一般化的教训,而这条教训最终会扩展到全部形而上学。
罗素悖论的产生,是由于我们误解了我们语言的工作方式,那么我
们一旦理解了我们的语言如何工作——一旦有了一套对逻辑句法
的正确说明——悖论就解决了,而这完全是由于:一套对逻辑句法
的完整说明为语言设限,不是靠陈述有哪些界限,而单单是因为不
11　再会产生越界的句子。

　　因此,维特根斯坦给自己订立了一份抱负远大的计划。他将
会确立“命题的一般形式”:这是指一个以所有可能命题为其取值
范围的变元的一般形式。命题一般形式会显示语言的界限,因为
它会确立一种系统的方法来生成每一个可能的命题,而无法这样
生成的东西会由此被表明为胡话。这一纲领可分为三个阶段:第
一个也是最重要的阶段,是发现命题的本性;第二个阶段是给定了
命题的本性之后,表明必定存在命题的一般形式;第三个阶段是一
个技术性的任务,即具体说明那种一般形式。

命　题

　　指导维特根斯坦工作的是下列三条基本原则:

1　Wittgenstein, *Notebooks*, p. 79.

(1)"理解一个命题,就是知道如果它为真,则实际情况如何"
（4.024）。
(2)"逻辑常元并不替代什么"（4.0312）。
(3)"意义必须是确定的"（3.23）。

1.理解一个命题,就是知道如果它为真,则实际情况如何

这是三条原则中最简单的一条。命题是那种可为真也可为假、可为对也可为错的东西,所以命题与名称截然不同。要确立一个名称的意谓,可以把这个名称关联到世界上存在的某个要素上去。可是,如果命题是为真或者为假的,那么我们就必定能在不知道一个命题为真的情况下理解这个命题。因此,我们之所以能理解一个假命题,必定不是凭借着我们把它视为关联在世界中的某个实际存在的要素上,而是凭借着我们把命题看作指定了会使命题成真的情形（Sachlage）,而且这种指定无关乎所指定的情形是否实际存在:我们必须能够仅凭命题本身,就构造出使命题成真的情形。而这又只有在我们把命题视为使其成真的情形的**图画**（**picture**）或模型（**model**）时才有可能——图画（命题）通过表现一个情形而描绘实在,至于它是正确还是错误地描绘了实在,这取决于那一情形是否存在。图画为了能够表现一个情形,必须与那一情形共有相同的逻辑形式,必须具有与那一情形同样的逻辑复多性（2.16, 4.04）。但是,命题并不**说出**那个情形有那种形式:命题镜映那种形式,并以此**显示**（**shows**）实在的逻辑形式。

12

2.逻辑常元并不替代什么

命题之为图画或模型这一思想,可以较直接地用在逻辑上简单的命题中。不妨考虑一个简单的关系命题,比如"约翰爱玛丽"。这里我们可以认为,"约翰"这个名字替代了约翰这个男人,"玛丽"

这个名字替代了玛丽这个女人,而这两个名字存在某种关联(位于"爱"这个字左右两边)的事实表现了约翰和玛丽这两个人有相应的关系这一情形。依此,我们就不该把命题记号,即句子,视为复合物,而应该视为句中各个记号形成某种关联的**事实**(fact)。

　　然而,一旦考虑我们总是会遇到的那种逻辑上复合的命题,例如"美国每四年竞选一次总统",原本那种简单的说法似乎帮不上忙了。针对上述例子,我们似乎很难说**这个**命题怎样描绘出了使之成真的情形。这时候,维特根斯坦用来说明命题的第二条原则就要派上用场——"逻辑常元并不替代什么":语言中的逻辑装置,即"且"、"非"、"所有"、"某些"这些词,其功能完全不同于名称的功能。我们可以把逻辑上简单的命题"约翰爱玛丽"同逻辑上复合的命题"约翰爱玛丽或凯特"做一个直观的对比。我们认为第一个命题充当了一个事态[1]的模型,并认为如果那一事态存在,即如果存在约翰爱玛丽这一**事实**,则命题为真。可是"约翰爱玛丽或凯特"要么是凭约翰爱玛丽这一事实的存在成真,要么就是凭约翰爱凯特这一事实的存在成真,却唯独不是凭一个"析取事实"——约翰爱玛丽或凯特——的存在而成真的。仅当"或"确实代表着事实里的要素,类似"约翰"和"玛丽"各自代表着约翰爱玛丽这一事态中的要素,才谈得上有这类析取事实。所以我们必须把逻辑装置看成具有一种与其他语言要素截然不同的角色。逻辑装置的功能,是用逻辑上简单的命题——**基本命题**(elementary propositions)——构建起逻辑上复合的命题,而逻辑上复合的命题之所以能图示出逻辑上复合的情形,是因为逻辑装置赋予了命题这样一种逻辑复多性,一种与命题所表现的逻辑上复合的情形同样的逻辑复多性。换言之,逻辑

1　本书以不加定语的"事态"对译"state of affairs",而原文中该词又对译维特根斯坦原著的"Sachverhalt"。"Sachverhalt"这个词的其他中文译名尚有"基本事态"(韩林合译《逻辑哲学论》),也有随奥格登英译本和罗素的导言的译法"atomic fact"而译成"原子事实"的。——译者注

装置必须让命题有能力分辨出,究竟是简单事态的哪些组合必须实存,我们才能说那个逻辑上复合的情形是实存的。逻辑上复合的命题从基本命题构建起来的方式,是真值函数性质的(truth-functional)。即是说,我们要确切说明一个复合命题的意义,依靠的是说出诸基本命题的哪些真假组合使该复合命题成真,哪些真假组合使该命题为假。因此,关键论点就是,每个命题都是诸基本命题的真值函数。

3.意义必须是确定的

至此,我们有了不用逻辑装置即可表述的基本命题,这些命题为简单事态建模,而任何其他命题的意义都要解释成诸基本命题的真值函数。但麻烦又来了,因为一个命题表面上的逻辑形式未必是其真实形式(4.0031):我们不能从一个命题的表层语法形式看出它真正的逻辑形式会是什么。我们需要一个标准来判定什么是、什么不是基本命题。这就轮到“对意义的确定性的要求”(3.23)登场了。我们平常遇到的命题的确切性可多可少,但世界是绝对确切的:我们的命题,总是凭我们实际遇到的完全确切的具体情形而成真或成假。所以,如果要正确说明命题意义,必须表明命题是如何凭世界上具体而微的情况而成真的,即必须表明,不确切的命题如何与世界提供给我们的确切情形相关联。因此,我们把不确切命题分解为完全确切命题的真值函数,而每个完全确切的命题都指定一个简单而完全确切的事态,并且凭该事态而成真。从而,基本命题的标准就在于完全的确切性,在于该命题指定的正好是一个简单事态。而事态又被看作“**对象**(objects)的结合”(2.01),并且当且仅当对象适当地结合起来时实存。维特根斯坦又主张,对象是**简单的**并且对象“构成世界的实体”(2.021),因为对象是每一个我们有可能想象的世界里都有的。(很重要的一点是不要预判这样的对象有哪些实例:我们一开始最多只能说,对象是实在之中能由名称指称的要素。)我们要把世界视为"事实的总和"
(1.1),视为由哪些事态存在、哪些事态不存在所确定。从而,当且
仅当一个命题能对世界做出应答,也就是说,当且仅当该命题能正
好分辨出那些在该命题为真的情况下必定存在的事态组合,它才
有真假可言。

命题一般形式的存在

虽然这一步是全书论证的关键步骤,但对于这种一般形式的
存在,维特根斯坦只在4.5中极为缩略地提出了论证。论证的核心
是,我们若有可能不靠了解实际情况就理解一个命题,那么命题的
意义必定得自它在语言系统中所处的位置。所以,必定存在一个
能递归地生成语言中每个有意义命题的语言系统。

具体说明命题的一般形式

接下来,维特根斯坦在《逻辑哲学论》的第5节,从每个命题都
是诸基本命题的真值函数这一思想出发,开始建构命题的一般形
式。这一任务有两步:第一步,他必须设计出一件装置,一件能让
他用始终如一的方法生成诸基本命题的每个真值函数的装置。第
二步,他必须表明,这件装置能够处理一整套标准的弗雷格逻辑。
完成前一个任务是通过引入"**N算子**"——当这一算子应用到一系
列命题上,会产生一个当且仅当这一系列命题都为假时自身为真
的命题(5.502)。谢费尔(Sheffer)表明,"既非……且非……"这一
联结词的能力足以处理整个初等逻辑(即命题逻辑)。维特根斯坦
的N算子则是它在无穷情况中的类似品,也就是说,N算子能处理
我们想建构无穷多个命题的真值函数的情况。接下来,维特根斯

坦说明了如何运用这一算子来解释概括命题(5.52)和同一性命题
(5.532),以此提示他如何处理弗雷格的逻辑。他由此表明,(1)整 15
个弗雷格的逻辑如何可以只用真值函数装置表示出来,以及(2)如
何把所有命题表示成在诸基本命题上连续应用 N 算子的结果,从
而表示出命题的一般形式。

逻辑真理

维特根斯坦对罗素的工作不满,第二个主要原因是罗素对逻
辑真理做出的说明。罗素把逻辑真理解释成既为真又完全一般性
的命题(不含任何特定内容的命题)。在维特根斯坦看来,这一说
明完全没有刻画出我们的逻辑真理观念的最基本特性,即其必然
性。维特根斯坦坚决主张,逻辑真理是**重言式**(6.1),也就是什么
也没说出的命题:如果一个逻辑命题独立于世界的样子而为真,那
么它就没有告诉我们世界是怎样的。既然我们无须诉诸世界来确
定该命题的真值,该命题自身就必定包含了用来确定其为真所需
的一切信息,而且若采用一种合格的记法,我们单单查看一个命题
的外观就能认出它是一个逻辑真理。逻辑真理具有必然性的代价
是其全然的空洞性。为解释这种空洞性,维特根斯坦把逻辑命题
视为诸基本命题之真值函数的退化情况,即视为无论我们考虑诸
基本命题的哪种真假组合都会为真的命题。这些命题仍是语言的
一部分:它们是欠缺意义的(senseless),但不是胡话(nonsense)
(4.461)[1]。

---

1 本书以"欠缺意义的"对译"senseless",以"胡话/胡话性质的"对译"nonsense/
nonsensical",以求保持作者主张的鲜明对照(见本书第 5 章开头)。——译者注

语言的界限

命题的一般形式涵盖了每个可能的有意义命题,它由此为语言设定了界限。界限另一侧的完全是胡话。同时,语言的结构会构成一个"巨大的镜子"(5.511),映照出世界的结构,显示出"世界的本质"(5.4711)。可一旦打算说出由此显示的是什么,则会产生出胡话。(特别来说,形而上学即是把显示出的东西转变为一种世界理论的企图。)维特根斯坦会在 6.54 节提出一个自相悖谬的结论,宣称任何理解他的人都会认识到他书里的命题全是胡话。

阅读《逻辑哲学论》

大多数读者第一次尝试读《逻辑哲学论》，都表示自己完全晕头转向。即使与其他哲学名著相比，这份文本也是不一般的晦涩。多数读者一翻开书，会感觉面前是一部格言集，其中大多数格言完全无从索解。即便是表面上清楚到足以看出在说什么的论述，经常也很难看清维特根斯坦为何这样说——这些说法常常像是全无辩护的打算就断定下来，而其要点何在同样十分费解。连整本书想讲什么话题，可能也无法看清。不过，《逻辑哲学论》固然不易读，但远没有第一印象所示的那样难懂。该书核心处是对语言与实在的关联的一份格外简单的说明，而起码这份说明以及维特根斯坦对它的论证都很容易弄懂。文本的艰深之处，全在于维特根斯坦从那份简单的说明引出的更多细节和牵涉。不过，即便我们无法把《逻辑哲学论》变成一本易读的书，读解文本时若记住以下几点，仍可以减轻初读时的不少困难：

- 第一点也是最重要的一点，是理解该书的编排体例，理解这个编号系统原本想起什么作用。对这个问题，维特根斯坦本人在正文第一条命题的脚注里大致解释了一下,但我们仍然值得把它充分讲清楚,并体会它对本书预想的读法有何意味。《逻辑哲学论》这本书不是一段接一段写成的,也不应该按通常读一本书的顺序来读。而这本书真正是怎样组织的,其实可以这样理解:先把该书的框架视为一个树形结构,树形的顶部安排着编号从 1 至 7 的七个主命题。依次读这七个命题,该书的论述轨迹就会以最粗的线条勾勒出来。接下来,我们对这个粗线条轮廓加以充实和细化。我们从顶部往下增添分支,这些分支就是编号为一位小数的段落(1.1、1.2、2.1、2.2、3.1……),把它们排成从 1 向下的分支 1.1、1.2 等,依此类推。这就给读者呈现了该书论述的第二个更细的版本,加入的细节要么是为主论点提出论证,要么是做出解释,要么是得出结果。接下来把上述步骤用在下一层的段落上,直至维特根斯坦所有阐述的最完整细节。呈现此书架构的一个方法是把《逻辑哲学论》建立为一部超文本,而网上的确可以找到这样一个版本,参见 http://www.kfs.org/~jonathan/witt。

　　读读 4.016 和 4.02,就能明白这种不同寻常的编排体例有怎样的结果。若按表面上的线性顺序去读这两段,那么作者似乎在告诉我们,象形文字和通常的字母文字之间没有本质区别,而这一点体现在我们无须他人向我们解释一个命题记号的意义,就能理解该命题记号。这样读来,难免会对维特根斯坦的思路一头雾水。然而,按照由编号系统支配的次序,4.02 不是接在4.016 后面,而是接在 4.01 后面的,而 4.011 到 4.016 只不过是对4.01 的评注,插在了 4.01 与 4.02 之间。这就意味着,4.02 的"这点我们可以从如下事实看出来……"中的"这点",其实是指一页多之前出现的一句话。现在我们就知道维特根斯坦是在说,命题是实在的一幅图画,这可以从我们无须他人解释就理解一个命题这一事实上看出来,而后面这一事实,他又会在 4.02 以下的几段详加阐述。

如此说来,读者必须学会沿编号系统指示的路径去追踪维特根斯坦的思路,而不是按页面上句子出现的顺序往下读。该书的编号系统并非万无一失,其中有几条论述,似乎勉力插进整体结构之中,却不是因为安插之处即是其恰当的所在,而是由于维特根斯坦希望把这些论述保留在文本里,却没有找到显而易见的位置,只能勉强嵌入得像样些。但即便不能保证编号系统没有错误,你一旦习惯了跟着它走,一般都能得到有助于正确追踪维特根斯坦的思路的指导。拿出某段话,问问自己这段话为何安置于此,总是很有益的。

- 有时候,人们把《逻辑哲学论》这本书当成只是摆出一系列格言,其中的观点读者是否接受,全随读者自便,反正没有硬性的论证提供支撑。但事实正与此相反。维特根斯坦提出的立场大都持之有故,但他惜墨如金,所以通常都只提示论证的大体思路,细节则留给读者自己补充。比如我们考虑 4.021 开头的一句:

> 一个命题即是实在的一幅图画:因为,如果我理解了这个命题,我就知道它表现的情形。

在这里,维特根斯坦明显想到了一个论证,而且此处的论证在全书的展开中显然至关重要。我们同样很明显会认为,大多数哲学著作里要是出现这样一个论证,后文中都该有详尽的阐发。悖谬的是,维特根斯坦的行文,常常在论证最紧要处显得尤其缩略难解,例如 2.02~2.0121、3.23~3.24、5.62~5.64。罗素和拉姆齐都催促他把论证充分展开,可他执意回绝了他们的建议。这也许有各种各样的理由,包括一些纯属审美上的考虑。但即使是审美上的考虑或许也有哲学上的意图:他在意的是传达一整个思想体系,而文本里若堆满了细致的论证,就有可能掩盖那一

18

体系。另外一点是,他很多说法的根据,与其说是在于某一环节的特定论证,不如说是这一说法在他整个论述进程中所处的位置。而且我们还必须承认,维特根斯坦的说法有几处看起来的确像是纯凭直觉而提出的,仿佛他本人也觉得,对这些主张的论证难以展开说明,甚至完全无法阐述。

19　　　　不过总体上说,维特根斯坦希望并期待读者能主动触碰文本,能自己找出作者言其所言的理据,从而领略其哲学志业的精神实质,并且能在无人告知的情况下,自行推究出文本所隐含的论证。这就意味着,你如果想从研读《逻辑哲学论》中受益,不愿意自己把维特根斯坦提出的观点想通是不行的。在这方面,该书甚至提出了比其他哲学文本更高的要求。只有读者自己进行一番哲学探索,自己把书中讨论到的问题想通,才能对这本书有所理解。

　　　　下文各节,我将尤其留意对全书十分关键而维特根斯坦的陈述又极为缩略的那些论证。

● 维特根斯坦还在另一方面给读者造成困难,这方面的困难从《逻辑哲学论》延续到《哲学研究》,贯穿了他一生的著述。维特根斯坦所有著作的一大特征,就是他从不把自己的出发点和盘托出。即使在他的著作所处理的问题与大多数哲学家传统上关注的问题大相径庭的情况下,他写作时,也总是假定读者对他在书里处理的问题和疑团已经有所关注。这对《逻辑哲学论》尤其属实,因为在这本书里,他预设读者对弗雷格和罗素的著作有兴趣也有了解,并关注他们所关注的问题,而维特根斯坦写这本书时,弗雷格在一般哲学界却仍然寂寂无名。因此,想要在《逻辑哲学论》中初步摸清方向,很重要的是大体上清楚弗雷格和罗素处理的是哪些问题,以便能把《逻辑哲学论》放在合适的语境中去看。该书的大量论述都是针对这两位思想家提出的观点而

发,或是赞同,或是阐发,或是批评。在本书的讲解过程中,我们
会在必要之处考察弗雷格和罗素的某些得到维特根斯坦回应的
思想。不过从一开始,读者就应该记住他们关注的某些一般性
问题。两位思想家的著作在维特根斯坦看来究竟引发了哪些问
题,我在此简单罗列一下,这些问题都至少构成了维特根斯坦进 20
行探究的起点:逻辑是什么,以及一条命题如何能是一条逻辑真
理? 我们该如何给"逻辑常元"——逻辑装置:"且"、"或"、
"非"等词语——以合适的说明? 命题是什么? 命题之为真在
于什么? 命题如何与实在相关联? 命题的语言复合性有什么样
的本性,以及,命题的意义如何关联于组成它的语词的意义? 我
们要如何说明语言的工作方式,才能不再产生罗素悖论之类的
逻辑悖论? 如果我们把维特根斯坦工作的一大部分,看成用更
好的想法来取代罗素对这类问题的解答,我们就能在理解《逻辑
哲学论》的路上走出长长的一程。

- 一份有助于消化《逻辑哲学论》的重要资源,是由 G.H.冯·赖特
  (G.H. von Wright)与 G.E.M.安斯康姆(G.E.M. Anscombe)编
  辑的《1914—1916 年笔记》(Ludwig Wittgenstein, *Notebooks
  1914—1916*) [1],但利用这份资源时要多加小心。假如你在《笔
  记》里找出一条论述,那么你永远都不能简单地认定,其中表达
  的思想就是维特根斯坦最终写作《逻辑哲学论》本身时仍然持
  有的观点。不但维特根斯坦的思想在写作早期笔记期间已有相
  当的发展,以至于笔记里的许多说法到了写作《逻辑哲学论》时
  已被摒弃和取代,而且笔记里大量的论述也只达到一个试验性、
  暂存性的程度,只是维特根斯坦用来检验某个想法而写的。这
  些早期作品必须被视为半成品,它们虽然有助于我们理解《逻

---

1 下文以《笔记》简称该书。中译本书目见本书第 5 章,"维特根斯坦其他相关文
  本"一节。——译者注

辑哲学论》的定本,但要作为《逻辑哲学论》成书的毫无偏差的指针,还远远不够。

为了弄明白我们该如何用《笔记》来正确指导我们理解《逻辑哲学论》,不如先考察一下维特根斯坦是怎样写成《逻辑哲学论》的。维特根斯坦一生都以"字条稿"(Zettelschrift)形式写作。他一般先是把他的想法记录成简短的段落形式,接下来会挑出希望保留在定本中的段落,并打磨到满意为止。然后,他会把这些段落编排成一个连贯的序列,如此完成终稿。就《逻辑哲学论》的情况而言,他看来似乎是先定下了标号1至7的七个主命题,其余段落则从手头的材料里挑选,并按照与那种框架结构配套的方式编入书中。而直接关系到我们的一点是,这意味着《逻辑哲学论》的相当一部分段落都在《笔记》里出现过,若非直接出现,则是作为其早期版本。

因此《逻辑哲学论》的很多命题,原本是出现在不同于《逻辑哲学论》本身的上下文当中的。把这些论述放在原本的上下文中审视,常常能导向正确的解读;但必须记住,其周边上下文中会有一些论述是他最终写作《逻辑哲学论》时不再赞同的,而因此,就连保留在《逻辑哲学论》中的命题的意义,都可能与维特根斯坦起初写下时有所不同。

浏览一下维特根斯坦东一则西一则的笔记条目,可以初步地看明白他想对付的许多难题。从尤其值得我们通读《笔记》的附录一,即"1913年逻辑笔记",可以明白他的关切何在,而正是这些关切促使他进行这项以《逻辑哲学论》为其成果的探究。其中第59-71页的讨论很适合作为例子,用来说明我们该怎样用《笔记》辅助理解《逻辑哲学论》。《逻辑哲学论》3.24的前身曾出现在这段讨论的第69页,而定本中的命题3.24本身措辞极为简略,也很难看出维特根斯坦所谓的"意义的确定性"是指什么,以及为什么维特根斯坦要求"意义的确定性"。那么我们虽然并不认定维特根斯坦最终会赞同笔记里的具体说法,但是通读他早前的这段讨论,仍能为 3.24 提供一个关键的切入点。

但我们要坚持这样一条重要原则:不要基于《笔记》就把某种观点归于维特根斯坦,除非能从《逻辑哲学论》文本中找到直接或间接的印证。

- 《逻辑哲学论》采用的是《数学原理》中的逻辑记法,其中的许多特征沿用至今（"∨"="或";"~..."="非……";"⊃"="如果……那么……";"(∃x)..."="对所有 x,……"）。但《数学原理》的记法有一个特征较为陌生难解,这就是既把句点用作括号,又用句点来代表"且"。在本导读中,凡不是直接引用维特根斯坦的地方,我都会在必要之处改用较为熟知的"&"代表"且",并在必要的地方加上括号。

22

第 1 节 "世界是一切实际情况"

《逻辑哲学论》开头引导性的短短一节,引发了如下的初始问题:既然这本书专门讨论与逻辑和语言的本性相关的问题,主旨是"为思想设定界限",那么维特根斯坦为何要以一个对世界的刻画作为开篇? 以及,从什么角度说这些开篇段落是在为后面的一切设定背景? 世界之为事实的总和:这里的"事实"是一个什么样的概念? 这是不是一种"事实的形而上学"呢? 对绝对一般性、穷尽性的强调贯穿整节;谈论这种总和有意义吗;世界之"分解"为诸事实。

《逻辑哲学论》简短的第 1 节,开篇处是对世界的一个高度抽象的刻画。接续这一刻画的是第 2 节对事态的更细致的讨论,因为第 1 节曾告诉我们,构成世界的正是事态的存在和不存在。该书从 1 到 2.063 这个部分，明显意在为后面的部分设定背景，那么在考察这些论述的细节之前，第一个需要解决的问题就是："维特根斯坦在一本关注逻辑与命题的本性，其目的据称是'为语言设定界限'的书里，为何没有一开始就讨论这些话题，而仿佛是在另一个完全不同的题目下展开讨论，并向我们呈现了一幅世界图景，而且是一幅初看上去有种形而上学色彩的图景呢？"

有助于澄清这个问题的有三个要点。这里有必要预先提到一些读到后面才会遇到的思想，所以目前提出的几个观点就只有到下文才会变得比较清楚，不过为了给读者进入《逻辑哲学论》开篇这几段时初步指引方向，我们还是把这些思想在现阶段介绍给读者。我们的目的是指出这些开篇段落扮演的角色，以便解释这几段的某些特征，当然也是为了解释这几段在书中到底是起什么作用的。

指导维特根斯坦整个探究工作的基本概念，乃是真这个概念，或者说是为真、为假的概念。无论他着眼于命题的本性，抑或逻辑的本性，抑或对语言的有意义使用与胡话之间的区别，他都一以贯之地以"真"作为他探究工作的核心。所谓命题，就是根本上有真假可言的东西；所谓逻辑真理，就是无论实际情况如何一概为真的东西；而如果你无法就一个貌似命题的东西为真与为假的条件做出融贯的说明，那么这个貌似命题的东西就是胡话性质的。

这样一来，核心问题就变成："一个命题之为真或假，之为说得对或不对，这在于什么？"而无论为真还是为假，无论说得对还是不对，都在于向某种设定对错标准的东西做出应答。而世界的引入，无非就是作为一切能为我们语言中的命题设定对错标准的东西的总和，因而这样一来，该书的任务就是解答如下问题："我们语言中的命题与按上述方式设想的世界从根本上有怎样的关联，才使命题能依据世界的样子而为真或为假？"回答了这个问题，我们就在如下意义上隐含地画出了"语言的界限"：假如有人提出一个具有命题外观的东西,并且假如我们可以表明,如果他在他声称是命题的那种东西怎样同如此设想的世界处于如此关联之中的问题上,无法做出自圆其说的解释,那就表明他逾越了语言的界限,未能赋予那个貌似命题的东西以任何意义。

明确了这一点,对于这几段导引性论述,我们可以获得如下几点初步理解:

1. 世界之为我们的思想和语言须应答者

由事实而非由物组成的世界

如果要把世界呈现为我们的一切思想与言说均须应答的东西,那么这个世界就是一个由事实组成的世界,而不只是一份列出了世界包含何物的清单。"约翰是快乐的"这句话如果为真,则并非仅凭约翰而成真,而是凭约翰所处的状态而成真,凭他是快乐的这一事实而成真。我们至少可以在一开始,把《逻辑哲学论》这本书当成力求系统而原则性地把如下的直观想法予以展开:一个命题为真,当且仅当它符合事实。不过人们谈论各种"真之符合论"时,常常怀有的想法是每个真命题正好有一个使该命题成真的事实与之对应。而这类理论的致命弱点从来都在于,除了少数极为特殊的命题之外,无论是什么命题,都不可能言之有理地对其指定这样一件事实。所以与此相反,维特根斯坦保留了"诸事实"(facts)这一复数形式,而他打算表明的,也是任一命题可以如何显示为要对构成世界的一大批事实做出应答。

一般性

开篇这几段强调了绝对的一般性,强调了一切实际情况、事实的总和、全部事实。这一强调有几方面重要性。首先,维特根斯坦

24

力求对命题和真假做出完全一般性的说明,这种说明对任何题材的命题都要适用。稍有不同的是,对世界做出的说明,则并非旨在对任何形而上学问题做出预判。在这里,世界就是指无论什么种类的一切实际情况,就是指我们的思想和言说所处理的一切。如此读来,之所以强调一切实际情况,意图就在于把世界应按观念论还是实在论来理解之类的问题存而不论:只要有任何东西可供谈论,可以使我们所言成真或者成假,这样的事实就应包括在世界中。此处这样来刻画世界,就是为了让一般性的形而上学争论中的所有派别都能接受。

强调事实之总和的另一主要目的在于,正是如此设想的世界才给语言设定了界限,也就是给可言说的东西设定了界限。(现阶段尚不澄清这里说到的"界限"是什么含义)。正因为世界是一切实际情况,维特根斯坦才能说:"逻辑充满世界:世界的界限也就是逻辑的界限。"(5.61)。如果无法表明某个貌似的命题能对如此设想的世界做出应答,那么我们就无法对它为真为假在于什么的问题做出融贯的说明,由此我们就揭穿它完全不是真正的命题,根本就是胡话。

极少主义

这里对世界的刻画只占了半页篇幅,2~2.063 对世界的进一步详细阐述也仅仅又用去不到 4 页。一切都处于高度概括的层面,维特根斯坦在这个层面上谈论"事实"、"事态"与"对象"时,都没有给我们举例说明对象实际上会是什么。比如说,维特根斯坦没有告诉我们,对象究竟会是类似牛顿式质点的某种物质原子,还是经验的直接对象,也就是感觉资料(sense data)。维特根斯坦也没有告诉我们,"对象"这个术语究竟是只涵盖殊相,还是也包括共相或者说属性和关系,抑或"对象"这种东西无法刻画为无论特殊还是普遍的东西。我们最多了解到对象必须满足的某些形式上的要求:对象是简单的,对象是每个可想象的世界所共有的,对象互相结合以构成事态。这促使一批评论者揣测维特根斯坦心里想到了哪种实例。而维特根斯坦在 5.557~5.5571 所说的表明,所有这类揣测均属误解。他要做的这份说明,确实要求有简单的对象和简单的事态,但对象是什么,则无法在他进行的逻辑探究中确定。要想对此有所发现,我们就得超出这种逻辑探究去考察维特根斯坦在 5.557 所说的"逻辑的应用",也就是对我们的语言实际上如何工作的问题展开某种经验性探索,而要进行这种探索,看上去最合理的办法,就是把《逻辑哲学论》设想的分析纲领在实际中贯彻到底。我们能说的是,考虑到维特根斯坦为他的对象制定的要求,这些对象一定会非常不同于我们听到"简单对象"时,脑海里首先浮现出的那种微小粒子。即使可以认为该书倡导某种原子论,这种原子论也该是"逻辑原子论",并不是某种物理原子论。下一节我们会考察哪种方案是更合适的选项,而眼下仅仅指出,有一些选项,例如经验的直接对象,看上去与维特根斯坦为他的对象规定的条件难以协调。

　　但如果说维特根斯坦对世界的说明的本意是把关于世界的传统"形而上学式"问题存而不论,那么他的目的同样也不是自己引入一套"形而上学"。至于多大程度上真的没有引入,这是有争议的:他当然像是在倡导某种形而上学式的原子论,在此提出的许多说法也很类似实质性的形而上学主张,这方面可以举两个最明显的例子:维特根斯坦说,有一组简单对象,这组对象是我们可想象的每一个世界都有的。他还说,世界可以分解为一组互相独立的事实。不过重要的是记住,维特根斯坦关于对象只谈了那么一点点,至于他这些说法在什么程度上相当于真正的形而上学承诺,读者也应等到确定了怎样解读这些说法的内容之后再来判断。无论

26

如何,我们可以有保证地说,维特根斯坦本人并不想在开篇这几段中发展出一套形而上学,并且,这些开篇段落在一个重要的意义上,原本是想要让读者尽可能读得空洞一些的:如果不对世界的具体性质方面做任何的臆断,我们关于世界最多也只能说这些。

2. 实在论还是观念论?

下面要提的这一点究竟会产生怎样的影响,我们只能随《逻辑哲学论》的进展而逐渐看清楚,但如果你真正想领会这几个导引性段落到底在讲什么,那就要先把这个要点记住。这本书之所以要阐述一份对语言的说明,目的是表明语言里的命题如何依世界的样子而为真或为假,并表明语言之有意义在于能对世界做出应答。而该书的核心主题之一是,为使命题能成为对某一情形的表现,命题必须与其表现的情形共有某种东西——某种形式,或者说某种"逻辑复多性"(从例如2.16、4.04、4.12中可见)。维特根斯坦进而主张,不但单个命题必须跟它表现的情形共有某种东西,连整个语言的结构都必须反映世界的结构,因此他会在5.511中把逻辑说成是"巨大的镜子"(参见6.13),还在5.4711写道:

> 给出命题的本质,意味着给出一切描述的本质,从而给出世界的本质。(楷体为笔者所加)

因此,开篇各段中有关世界的说法与后文中有关语言的说法之间,有着全方位的平行关系,开篇部分的好几条论述都在后文中得到回应。那些明显是从"本体论"角度做出的论断,都在相应的"语言学"角度的论断中得到辉映。可举如下几例:1.21告诉我们,世界分解为一组独立的事实,而后文中我们就了解到,语言可由一组逻辑上互相独立的基本命题建构起来(见例如4.211);事态是对象的结合(2.01),而命题是名称的链结(4.22);组成事态的对象是简单的(2.02),而名称是简单记号(3.202);我们不能离开跟其他对象结合的可能性来设想任何对象(2.0121),而名称只在命题语境中有意义(3.3)。

但这种平行关系看来势必会激起一个疑问:"语言难道必须与世界共有某种结构,才能就具有那种结构的世界说点什么吗?或者换个角度说,难道开篇各段认为世界所具有的结构,其实无非是各种语言形式强加给世界的吗?"而这一问题看来又直指两种可能的解读,我们可以分别称之为对文本的"实在论"读法与"先验观念论"读法。"实在论"读法认为世界有一个先在的结构,这不依赖于我们对世界的思考与谈论,并且,正因为世界有此结构,任何跟世界相接合的语言才必须要有相应的结构。而按"先验观念论"读法,一旦脱离我们对世界的语言表征,我们就无从通达世界以及世界的样子,而我们归于世界的结构——对事态与对象的所有这些谈论——也只不过是我们语言中的形式所投射出去的影子;至于世界"本身"的样子则必然超出了我们的认知能力,那么它可能有大不相同的结构,甚至也可能没有什么结构。两种解读都有某些版本得到评论者的拥护,而且初看上去,无论是采取实在论的解读还是观念论的解读,依照其中一种解读来为维特根斯坦的论述给出前后一贯的读法,也都是可以做到的。此外,按进展阶段的不同,有些地方认为维特根斯坦是用语言的本性来论证世界的本性比较自然,而在另一些地方把论证看成反着来的似乎更为自然。

刚刚提出了几个很自然会出现的问题,而读者在研读时牢记这些问题也很重要。但如果我没有把维特根斯坦本人的态度理解错,那么他其实是主张,归根结底,并不真正存在前面提到的那两种备选项,而提出上述问题,恰恰表明读者在不知不觉地企图让"逻辑去僭越世界的界限",而做这番无用功的结果,只能是说出胡

28　话。全书最难解但也最关键的一系列论述,无疑是5.6s各段对唯
我论的讨论,等我们考察到这部分时还会讨论这个问题。眼下我
只想评论说,5.6s一系列论述的结论,即"严格贯彻的唯我论与纯
粹的实在论相重合",其主旨之一正是要驳斥上述两种备选读法的
真实性。无论我们好像多么不可避免地要在两种方案之间做出取
舍,无论我们提出的问题因而显得如何紧迫,如何从根本上有其重
要性,维特根斯坦都想让我们明白,尽管我们表面上给这些问题赋
予了意义,但其实并没有。

　　3.《逻辑哲学论》中论述的自成问题性

　　详细讨论开篇各段之前,最后要留意的一点像前两点一样,都
只有在研读《逻辑哲学论》的过程中才充分显出其意义。单就这一
点来说,我们只能把它留到导读结尾处才能妥当处理。维特根斯
坦邀请我们共同参与的事业有某种从深处成问题的东西,他本人
也将在6.54说出这句出名的话:"我的命题以如下方式起到阐明作
用:知我者……最终认识到这些命题是胡话性质的……"有若干条
可辨的思路能引向这个悖论,等考察6.54时我们都会细讲,不过在
此可以先考虑其中两条直接关乎当前导引阶段的思路。其中第一
条是这样的:如果我们的任务是表明语言如何与世界相匹配,那么
我们要做的是描述世界中的事实,并给出凭这些事实而成真的命
题,然后摆明二者的匹配之处——这明显就是维特根斯坦接下来
要做的。可是,要描述使一命题成真的事实,唯一的办法是正好使
用命题中用到的那种词语形式(或者至多用某个逻辑上等价的命
题),结果到头来我们说出的是:"'天在下雨'是凭天在下雨这一事
实成真的",但很难说这是我们真正想听到的惊人消息。维特根斯
坦显然是企图做一件不可能做到的事:他想登上一个高于语言与
世界的据点,并从那个视角,描述语言与世界在他眼中呈现出的关

联,而这会要求"我们必须能和命题一起置身于逻辑之外,也就是
说,置身于世界之外"(4.12),并且"我们不能思考我们所不能思考 29
的东西,因而我们也不能言说我们所不能思考的东西"(5.61)。由
此我们最终认识到,我们试图描述那种关联时说出的句子,其实是
无法赋予任何意义的。第二个与此相关的要点是,我们终会证明,
不可能有意义地把世界当成整体来谈论(参见 6.45),我们也不能
说"这些就是全部事实了"或者"这些就是所有的对象(或例如所
有的命题)了"这样的话。但他其实似乎正是由此讲起的:"世界由
诸事实所确定,由这些事实即是全部事实所确定。"在这点上会显
露出维特根斯坦与罗素之间的一个根本分歧,待我们讨论维特根
斯坦在 5.52 对概括命题的处理时会详加考察。在罗素看来,要对
世界做出完整的具体说明,就要详细列出所有特殊事实(用维特根
斯坦的术语说,所有事态的存在与不存在),连同这样一个一般事
实,即这些特殊事实就是全部的事实。但在维特根斯坦看来,没有
这样的一般事实,只存在特殊事实。可这就是说,谈论"事实的总
和"的结果必定是说胡话。维特根斯坦把自己置于如此自我撤销
的悖谬立场究竟用意何在,我们在研读的最后一节将会专门探讨。
不过启程之际,有两点希望读者能记在心里:(1)无论我们怎么理
解,维特根斯坦《逻辑哲学论》的论述所具备的这种自成问题性,都
并非出于偶然,而实乃该书核心要旨之一。所以,要想领会维特根
斯坦的志业,就要在研读时仔细体察《逻辑哲学论》的命题如何悖
谬,即这些命题如何不断地在暗示着它们其实无法说出它们表面
上说出的东西。(2)第二点是第一点的逆命题。要想理解维特根
斯坦,除了先把《逻辑哲学论》的命题当成直截了当的说法来读,没
有别的办法。只有研读完全书,才能真正着手求解这个问题:"该
如何看待维特根斯坦把他的命题称为胡话?"

　　以此为背景,我们可以考察第 1 节各段的内容,其中主要将讲

30   解这两段:(1)1.1:世界作为事实之总和与作为物之总和的对比,

以及(2)1.2:世界之"分解"成一组独立事实这一思想。

事实组成的世界

维特根斯坦在 1.1 中,对事实组成的世界与物组成的世界做出
了一项对比。这项对比的初衷相当明确:要想确切说明世界,不能
凭列出一份世界所包含诸对象的清单。要想知道世界是什么样子
的,必须知道事物是怎样安排的:一张单单罗列出诸对象的清单,
不仅相容于世界实际所是的样子,也相容于世界原本可能是的很
多种样子。如果说世界是一切实际情况,则这所谓的一切,乃是我
们的思想和话语有可能关涉的一切,也是我们的所言须应答的一
切,而我们的所言不是向对象做出应答,而是对实情中的事实做出
应答的。

可是在上述初衷之外,这些开篇段落里还有与之相关的第二
点考虑。维特根斯坦本人后来曾这样解释 1.1:

> 世界并不在于一张列出了诸物以及有关物的诸事实的清
> 单(好比一场演出的节目单)。……世界是什么,是由描述而
> 给出的,不是由一张对象清单给出的。[1]

节目单这个比喻要说的是,我们并非仿佛先察知诸物,再察知关于
那些物的事实。了解有关物的事实,是我们通达物的仅有途径。
在维特根斯坦看来,所谓物,本质上就是事态的潜在要素(参见
2.012)。实际上,维特根斯坦在思考对象的时候,一贯把"语境原
则"摆在重要位置上:对象是名称的所指,而名称只在命题语境中
有意义。这一原则我们会在 3.3 详加考察,不过眼下可以先提示一

---

1   D. Lee, *Wittgenstein's Lectures, Cambridge 1930-32* (Blackwell: Oxford, 1980), p. 119.

下维特根斯坦这番说明的要领:我们不是从对象概念出发,把对象看成用以堆垒出事实的砌块,以此得出事实的概念;恰恰相反,我们通过分析事实才得出了对象的概念。

而若要认真对待《逻辑哲学论》的开篇段落,还需要认真对待"事实之为世界之要素"的思想。许多哲学家对于如此把事实当真的想法抱有疑心:他们宣称,说"p 是一件事实"无非是绕着弯地说 p,还有人甚至古怪地宣称:事实就是真命题[1]。但不容置辩的是,不仅诸物存在,诸物的安排方式也存在;要想知道某个命题是否为真,我们不但要关心有哪些物,而且要关心物的安排方式及其所处的状态,这就意味着我们必须审视相关的事实。"p 是事实"无疑等价于"p",但这并不比约翰无疑名叫"约翰"这点更为出奇,事实也没有因此就成了虚幻的东西,正如约翰本人不会由于有了"约翰"这个名字就成了虚幻的东西。我们想描述一段话关于什么,要用到的词语当然就是说出那一段话要用到的词语,这个显而易见的道理并不值得大做文章。

值得讨论的,并不是世界上是否有物的样子和物安排成的样子,真正的问题还在别处。我们如果接受事实的存在,那么是否就要把事实当成由事实关涉的物所组成的复合物呢?维特根斯坦初次把《逻辑哲学论》给弗雷格看的时候,弗雷格似乎就以为维特根斯坦想把事实当成这样的复合物。据记载,维特根斯坦似乎对弗雷格当时的评论很生气,十年后似乎又觉得弗雷格有一定道理[2]。这件事的真相很难查清,但从现有的证据来看,维特根斯坦最早的

31

---

1 想了解这个问题上较晚近的哲学讨论,宜从 P.F.斯特劳森(P.F. Strawson)与 J.L.奥斯汀(J.L. Austin)的论辩入门。见 Strawson, 'Truth', in *PAS* Supp. vol. 24 (1950):129-56 and Austin, 'Unfair to Facts' (1954, reprinted in J.L. Austin, *Philosophical Papers*[ed. J.O. Urmson and GJ. Warnock; OUP: Oxford, 1970]).

2 见 Wittgenstein, *Philosophical Remarks*, Appendix 'Complex and Fact' (pp. 301-303).

回应更切中要害。弗雷格没有仔细研读过《逻辑哲学论》,他的评论也许基于一些比较表浅的印象,维特根斯坦后来对他早期思想的回忆也从不是完全可靠的。确切说来,维特根斯坦当时拿事实跟复合体做过对比[1],在《逻辑哲学论》正本中也没有用弗雷格的批评所假定的说法来谈论事实,尤其没有把对象说成涉及这些对象的事实的成分。如果说维特根斯坦在哪里确实没搞清楚,那是在与此相关的另一个问题:《笔记》中所称的"复合体理论",即认为如果约翰爱玛丽,那么就有[约翰-爱-玛丽]这样一个复合体存在[2]。这个复合体并不是约翰爱玛丽这一事实;而他后期的批评针对的是复合体理论,针对的是他之前以为可以把诸如人体之类的日常复合物,视为这个意义上的"复合体",而并不是针对世界由事实组成这一观念。到了《逻辑哲学论》时期,"复合体理论"已经基本上从维特根斯坦的思想中消失了,只是还在 2.0201 中做客一般地露面,这条论述我们之后还会谈到。但即便《逻辑哲学论》中提到了复合体,这些复合体也总是描述成了一经分析就会消失的东西,而我虽然要援引复合体理论来解说 2.02~2.03 的论证,毕竟我觉得那样更加忠实于维特根斯坦的思考,但是要展开说明那段论证,也完全可以不采取维特根斯坦复合体的角度,而是采取日常复合物的角度。

32

出于下列几条理由,我们拒绝把事实视为复合物,并且认为,把事实视为复合物违背了维特根斯坦的本意:

- 首先也是最根本的一点是,如果你把事实说成对象,说成由更简单的物所组成的物,那你就背叛了维特根斯坦本来的洞见,正是

1　例如见 Wittgenstein, *Notebooks*, p. 48.
2　同上。

这一洞见引导他要求我们视世界为事实的总和而非物的总和。我们既已坚决主张我们的命题是对事实而非对物做出应答的，假如再回过头把事实无非视为另一种物，我们原本持守的立场就失去意义了。

- 弗雷格先是认定维特根斯坦把事实视为复合物，又基于如下这点，提出了一系列简单的驳斥：我们谈论和思考复合物及其成分的方式，是完全不适用于事实的。例如，部分—整体关系的根本特征之一在于，整体中某部分的某部分，本身是整体的一个部分：把这一点用在事实及其成分的问题上，会得出荒谬的结果。照此说来，如果把达夫尼斯（Daphnis）和赫洛亚（Chloe）视作达夫尼斯爱赫洛亚这一事实的两个部分，我们看来就无法不说达夫尼斯的左脚也是达夫尼斯爱赫洛亚这一事实的一部分。

- 事实若作为复合物来看，则像是一种至为神秘之物：想要确切说明达夫尼斯爱赫洛亚这件事实有哪些"成分"，在我们看来就不光有必要列入达夫尼斯和赫洛亚，还必须列入"爱"这个关系——若不是作为共相而列入，就是作为此类关系的一个特定个例而列入。至于这些互相异类的实体如何组合，我们是无从理解的。

- 与上一点相连而又进一步的要点是：把事实的复合性改造为一个复合物的复合性，会歪曲那种复合性的本质。事实的复合性看上去完全不同于复合物的复合性。我们可以把诸如一个人这种日常复合物看成复合的，但我们并不是必须要这样看：我们给人起名并用那些名字谈到他们，这时候我们都无须想到人的合成性；我们就他们提出一些说法，无须在其中提示他们怎样由各部分组成，也无须提示他们确实是由各种部分所组成这一点。然而要想具体说明一件事实，例如，达夫尼斯爱赫洛亚这个事

33

实,我们就只能把事实作为复合的东西来说明,而别无他法——在对这个事实的具体说明当中,我们不得不先提到达夫尼斯,再提到赫洛亚。给定任一复合物,我们都可以用多种方式组织它的结构,或索性完全忽略结构而把它看成简单的东西。然而,如果把事实设想为命题可以应答的东西,我们只能设想事实具有的结构直接反映着表现它的命题的结构。

从而,要理解维特根斯坦的世界观念,即世界之为一切实际情况、之为我们的命题须能应答的事实总和,要领就在于不要变戏法一般地把事实弄成莫名其妙的复合物,从而歪曲了维特根斯坦的世界观念。

世界之"分解"为诸事实

至此,我们对"事实"这个词还只是采取相当宽泛的用法,依这种用法,如果有个人在这房间里,我们就能谈论有个人在这房间里这一事实。不过,要想理解《逻辑哲学论》开篇各段的其余部分,我们需要进一步限定"事实"一词的含义。就"事实"的广义而言,凡是真命题都符合事实,而取其狭义,事实总是完全确切、完全个别的,只能由不具逻辑复合性的命题来指定。狭义事实何以重要,可以解说如下:考虑有个人在这房间里这个(真)命题,那么该命题之所以成真,不是单凭"有个人在这房间里"这么一个无所连带的事实,这个命题总要凭着一个特殊事实而成真——要么汤姆(Tom)在这房间里,要么迪克(Dick)在这房间里,要么哈里(Harry)在这房间里,要么……。这一点,我们读到 4.0312 时还会再讲到,不过眼下可以先初步讲讲维特根斯坦的大体想法:逻辑上复合的命题,或者说不确切的命题,从不能无所连带地为真(barely true),可以说,它从来不能单凭某个逻辑上复合的或者说不确切的事实成真,而总要凭其背后的特殊事实而成真。维特根斯坦这个观点的要领在于,严格地说,只存在特殊事实,即狭义事实,广义事实则只能在一种谦让的意义上,或是一种衍生的意义上被称作"事实"。维特根斯坦由此一直推想到其逻辑结论,最终设定了一个由完全确切、完全特殊的事实组成的巨大万花筒,万花筒里的每件事实都在于一个特定事态的实存或非实存,而世界就在于这样一个万花筒:是所有这些事实构成了"一切实际情况"。

更有争议也更难以辩护的是他 1.21 中的说法,即世界可以分解为一组独立的事实("一件事情可以是或不是实际情况,同时其余一切仍保持原样。")。这个主张的难点在于这样一个考虑:不妨设想有 a 与 b 两种不同的色调,然后有这两个说法:时空中的某一点为 a 色,以及同一点是 b 色;二者都像是完全确切的说法,都指定了简单的事态。但这两个说法明显不相容,并且一个事态的实存会排除另一个。维特根斯坦尝试在 6.3751 处理这个难题,但处理得很不理想,他后来则认为自己明显在此犯了错误[1]。

而我们要考虑的是三个问题:第一个也是最重要的问题:"为什么维特根斯坦在此被引向这样的论断?"另一个问题简短一些,就是:"他的论断站得住脚吗?"以及第三个问题:"如果这点上他错了,对《逻辑哲学论》有什么损害吗?"

为回答问题一,我们须考虑他在 1.13 用到的短语:"逻辑空间中的诸事实"。后来他尝试澄清这个短语,说此处是"把语法类比于几何"[2]。维特根斯坦的想法,我们可以像这样来直观地理解:

---

1 例如见 Wittgenstein, *Philosophical Remarks*, pp. 105-14.

2 Lee, *Wittgensteins Lectures*, p. 119.

我们可以设想,一个命题面对着一大批特定事态的可能的实存与非实存,这时它要在这诸多可能性当中切分出一个区域,然后说:"真相就在这个区域内。""语法"把必要的自由度赋予语言,以供语言来实施这一切分。而如果把这一区域隐喻当真,我们就把语言面对的世界,设想成以类似于空间接合(spatial articulation)的方式接合起来的了。若进而把事态理解成分布在逻辑空间的不同点位[1],事态的相互独立性就会类似于如下想法,即时空中某处发生的事情跟另一处发生的事情之间不存在逻辑推论关系。依此,一个命题通过指定逻辑空间的哪些点位被事态占据,哪些点位为空,它就点彩式地构建了一幅实在的图画。

35   很容易看出这样一个简单的模型何以吸引了维特根斯坦,但假如实际上能证明世界不可能分解为一组完全独立的事实,那么为了容纳这点,就要把上述模型复杂化。把时空中某点为 a 色而同一点为 b 色这一说法,分解成比这还要"更简单"的说法,最终达到一组完全独立的事态,这项任务其实不像人们有时候说的那样无法完成。但完成这项任务所需的建构,会愈发显得不自然。而且,即便这组事态确有可能分解为这样一组独立项,问题却是:"维特根斯坦真有理由坚信必定能这样分解吗?"假定了有可能这样分解之后,他构思出的整套论述当然就显得巧妙而简洁了,但简洁性本身并不是认定问题必然能这样解决的充分理由。

1　此处有一点复杂之处需要提到,不过眼下尚不必耽搁于此。维特根斯坦在《逻辑哲学论》中,似乎在不同位置对逻辑空间有两种不同的理解。按第一种亦即我目前概述的这种认识,逻辑空间的各个点由诸事态占据,而按另一种认识,其各个点则由诸"可能世界"占据。要想解释如何建构现实世界的一幅完整图画,需要取第一种认识;而若想对一个命题的成真条件做出完整的说明,需要取第二种认识。若要把逻辑空间的隐喻充分廓清,我们还需要一种更复杂的逻辑空间结构,比上述两种认识各自分开来看都更复杂。

如果维特根斯坦在这点上错了,他所做的说明又会受到多大损害呢?回答是:相对来说较小;比如说,全书为之铺垫的核心主张是不受损害的,这一主张就是命题 6 对命题一般形式的说明。唯一真正受影响的实质性论点是"只存在逻辑的必然性"的主张(6.37),当我们把这一主张连同下文将会考察的对逻辑真理的真值函数式说明放在一起来看,它所受的影响就会体现出来。"a 是红的则 a 不是绿的"这类命题应是必然真理——用维特根斯坦的术语叫作"重言式"——但这类命题却不可能完全归结到真值函数来说明。不过,为求容纳此点而修正他对逻辑的说明,固然会使他的整套叙述变得太为复杂,但实旨不会受到损害。

讨论话题

开头一节最重要的话题都涉及事实的概念,这些话题可以总结如下:

把对事实的谈论当真,并且视事实为世界的要素,这种观点有没有成问题之处?

如果我们把事实当真,并且把世界当作事实组成的世界,我们能免于把事实视为某种复合物吗?

这些开篇段落是否如弗雷格所见,有某些说法会迫使维特根斯坦把事实认作某种复合物?

第 2 节 "实际情况,即事实,是事态的实存"[1]   36

本节自然地分为两半部分。上一节里,维特根斯坦已经把世

---

1 注意:若用奥格登译本,那么他是把 Sachverhalt 译成"atomic fact"(原子事实),把 Sachlage 译成"state of affairs"(事态)。而我遵循皮尔斯和麦金尼斯,把这两个词分别译成"state of affairs"(事态)和"situation"(情形)。

界看作存在的事态所构成的网络。而到了本节前半部分(2～2.063),他开始着重关注事态本身,把它刻画为"对象的组合"。这段讨论的关键部分,也是我们将予以最多关注的,是对象之简单性的论证(2.02～2.0201),以及对象形成"世界的实体"。本节后半部分,维特根斯坦引入了对事实予以图示的概念,于是就为本书主题之一,即为命题与思想正是此类图画这一主题,铺平了道路。对后文尤其重要的是下列思想:图画之为模型;一幅图画是一件事实;为能表现一个情形,图画必须与其表现的情形有某种共同的东西;"表现"与"描绘"之间的区别;图画既可能正确也可能错误,"或者为真或者为假"。

《逻辑哲学论》第 1 节中,维特根斯坦把世界呈现为巨大的事实之网,又把事实刻画为事态的实际成立。本节前一半,维特根斯坦进一步说明何为事态,最初是在 2.01 把事态描述成"对象的结合"。等我们明白了维特根斯坦如何把命题说明为实在的图画之后,我们将更能看清上述刻画的旨趣所在,眼下,我们可以先把它看作解释了事态的偶在性——解释事态何以既可能实存也可能不实存:我们考虑一组既可以相互组合,也可以不相互组合的对象。这些对象若恰当地结合起来,事态就会实存,就有了这些对象如此相互组合这一事实;这组对象若不这样组合,相应的事实就不存在。

在此,重要的是切勿就对象的本性做任何预判。《逻辑哲学论》论证了应该存在此类对象,而没有论证对象应该是什么。我们可以把对象当成实在中能由简单专名来命名的要素:维特根斯坦很清楚,我们无法先天地得知对象实际上是什么。要想发现对象是什么,需要进行某种经验探究——主要是需要对我们的语言进行充分的分析。就连对象究竟是仅限于殊相还是包含了属性、关系等的问题,也不应该予以预判。因为这类预判容易歪曲维特根斯坦要确立的说法,结果很可能是把他的观点弄得完全不可信。

37

维特根斯坦在《笔记》里为了方便探讨,看似还不时地对于简单对象具备的本性提出一些假设——而最常出现的假设,是把一个复合物向其简单成分的分解,说得类似于把物体分割成较小的物质性的部分,仿佛暗示"对象"即某种原子微粒。其实任何人探讨此处的关键问题,几乎都不可避免用到这类示例,但我们决不能以为这些示例能告诉我们维特根斯坦认为简单对象是什么,也不能把任何并非严格为目的所需的意思读进这些示例里去。那么,笔者也会在本节前半段的末尾提出一个模型,以此阐明维特根斯坦给对象提出的所有要求有可能怎样得到满足,毕竟这可以帮我们理解他提出的到底是怎样一些主张,然而读者无疑不能把那个模型当成对相关疑团的真正解答,更不能当成维特根斯坦本人怀有的想法。

对于《逻辑哲学论》的对象,我们的全部了解也仅限于对象满足这几条形式层面的要求:(1)对象应是简单的(2.02);(2)每一个我们可想象的世界均须有同一组对象(2.022~2.023);(3)对象能与其他对象形成直接组合的关系。

先讲讲维特根斯坦此处立场的要领所在,或许能有助于理解他关于对象本性的探讨。维特根斯坦本人在《哲学研究》中对他早期观点的介绍,唯此一处是真正有用的:

> §50 讲到元素,说我们既不能说它们存在,也不能说它们不存在,这是什么意思?——有人可能会说:我们称为"存在"和"不存在"的一切东西都在于元素间有某些联系或没有某些联系,那么,说一种元素存在(不存在)就没有意义;正如我们称为"毁灭"的,就在于元素的分离,因而谈论元素的毁灭没有意义。

一件事实的存在,在于对象以合适的方式结合起来。因此我们会认为,某组对象的存在,构成了但凡有事实存在则必然要求的条件。而既然这些对象是事实存在的前提条件,对象自身的存在就不能还只是个事实性的问题。相反,对象构成了世界的实体,即所有事实性东西的必要背景。

对象之为世界的实体

2.02~2.021 这部分里,维特根斯坦提出了一段对《逻辑哲学论》中"对象"之简单性的论证。这既是全书最难把握的一段论证,同时,这在他对世界以及对语言如何与世界相关联的总体说明的阐发进程中,也是至关重要的一段论证。其论述上的隐晦,则导致目前大家在理解维特根斯坦用意上达成的共识,比全书其他篇章还要少。这是一段归谬式(reductio ad absurdum)论证。其结论是,构成了世界之实体的简单对象是存在的;确立这条结论的则是一段表明如下观点的论证:假如没有简单对象,则完全不可能勾画出世界的图画。尽管维特根斯坦惜墨如金,但 2.0201 到 2.0211 的细节相对容易补入,难点都集中在 2.0211 到 2.0212 这一步。

至于这一步应当怎样理解,下面我会提出自己的解读,但同时我也要提醒读者,这一直是个有大量争议的问题。我这里要提出的解读,与我了解到的其他研究《逻辑哲学论》的文献提出的解读都不一样。本节末尾处则会指出另一条更常见的解读思路,以供读者讨论。

详细展开这段论证之前,有几点要预先讲明:

- 这里的论证预先调用了一些后文才会引入的想法。本段论证虽然还处在阐述世界及其内容的阶段,根本来说却有赖于一些涉及命题与图画的考虑。在此,维特根斯坦看来是从语言必定可能这一事实推论出有关世界的事实,而后文又有几处貌似是从相反方向推论的(语言必定如何如何,否则无法接合于世界)。等我们读到 2.16,还会再来讨论语言与世界的这种"和谐",但我仍要先说明,这种让正反两个方向的推论都行得通的和谐关

39

系,其实是贯穿全书最基本的主题之一,维特根斯坦有时把它明确提出来,但它始终在背景之中。

- 对后文内容最主要的预先调用,很明显就是"世界的图画"的概念。这里要注意,本段论证的成败攸关之处,不只在于语言与思想是为实在勾画图画的手段,还包括对图画的某种相当特别的理解,但对这种理解的充分辩护直到第 3 节才会提出。这种对图画的理解方式,是当前论证中最关键也是最脆弱的部分。而《哲学研究》后半部分的要旨之一,也是逐步动摇这种引导了维特根斯坦以《逻辑哲学论》中的角度去理解图画的思维方式。维特根斯坦的早期与后期思想之间,最激烈的交锋正是发生于此,反倒不是发生在《哲学研究》开头处对《逻辑哲学论》的一些远为肤浅的批评当中。

- 应该强调,维特根斯坦虽在这段最为明确地论证了简单对象,但他的思想中,其实有很多条脉络指引他去设定简单对象的存在。(比如我们将会了解到,简单对象是他为了说明概括性和概括命题的意义而要求的。)在《逻辑哲学论》中的不少地方,维特根斯坦之所以确信某个重要的观点,与其说是由于单独某段论证确立了这个观点,不如说这个观点汇集了他思想中的多种要素,本段就是其中一例。这就说明,维特根斯坦对存在简单对象的主张是否成立,并不完全以本段论证为转移,并且即便如我所见,这段固然极富趣味的论证不免略有瑕疵,我们照样不能就此把维特根斯坦所持的存在简单对象的观点轻易打发掉。

- 读者特别要在本段与 3.23~3.24 做一下比较。初看上去,由两段中某些想法的呼应好像可以得出,这两段只是出发角度略微有别,对简单对象做出的论证是一样的。但其实这两段论证截然不同,一经细察,还能发现二者的关系相当紧张。二者的结论

40　　固然相同（需要有简单对象），但本段的结论是从世界需要"具有实体"得出的，而后文的结论则是从"对意义的确定性的要求"得出的。因此，二者隐含着在如下两个问题上大不相同的设想：一是如何看待复合体与其成分的关系；二是如何分析命题。维特根斯坦的实际思想历程中，第二段的思想产生得比第一段晚，那么假如要调和这两段文本，就需要照顾第二段的说法来调整第一段。（2.0201 尤其需要改动。）不过，下面还是单纯就第一段现有的表述来疏解其理论思路。

　　论证的起点是 2.0201，维特根斯坦曾有一次称之为"复合体理论"。

　　　复合体理论可表述为这样的命题："如果一命题为真，则有某物存在"；如下两者似乎是有差别的：一个是 a 与 b 之间有关系 R 这一命题所表达的事实，另一个是与 b 处于关系 R 中的 a 这一复合体，后者是那一命题为真时存在的东西。我们似乎可以标示这个东西，乃至用上一个实实在在的"复合记号"去标示它。[1]

这里的想法似乎是这样：如果一个命题为真，那么世界中就有某个东西使其成真，因此就有一个复合实体使其成真。照此说来，如果猫是坐在垫子上的（if the cat is sitting on the mat），那就存在着猫-坐在-垫子-上这一复合体（the *cat-is-sitting-on-the-mat* complex）。维特根斯坦把这一实体区别于猫是坐在垫子上的这件事实（the fact that the cat is sitting on the mat）——这件事实完全不是对象，因而既非简单对象亦非复合对象。维特根斯坦采取了一种约定记法，把这个对应于真命题"aRb"的复合体记为"[aRb]"，于是我们可以说，"[aRb]存在"等价于"aRb"。这个复合体的成分则是命题中指涉

1　Wittgenstein, *Notebooks*, p. 48.

的对象。(但值得一问的是,命题中提到的属性与关系是否也要算作成分。[猫-坐在-垫子-上]的所有成分究竟是猫和垫子,还是猫、垫子再加上二者形成的关系?如果我们说只有猫和垫子才算是成分,那么就不可能区分比如[汤姆-胖于-迪克]跟[汤姆-高于-迪克]这样两个复合体了,因为二者似乎都坍缩成了汤姆和迪克的混合体。可是如果说二者间的关系也要再算作成分,那么这类复合体就变得颇为神秘,又完全不像我们平常所认的复合物了。[1])

接下去讨论时,维特根斯坦似乎未置一词地假定,手表、人、书本之类的日常对象就是方才所解说的意义上的复合体。然而,他虽对这个假定未置一词,但这一步是需要辩护的:而其辩护并非简简单单在于一个显见的事实,即这些对象看起来明显由各部分组成,故而有诸成分,因为这样说只不过是玩弄"成分"一词的文字游戏而已。真正需要的,是表明这些对象具有上一段所述意义上的诸成分。表明这一点则要凭借另一项考虑,一项无疑是维特根斯坦的论证所必需的考虑,即这种日常对象是偶在实体:这块表本来有可能不存在,并且我们能够轻易想象这块表倘若不存在则是怎样的情形。这就说明,需要有一个真命题来表达这块表确实存在。而依据上一段的论述,该命题将有一个复合体与之相联系,这个复合体当且仅当该命题为真时存在,正如那块表一样。因此,我们走出了这样一步,即把这块表等同于那个复合体,把命题中提到的各个实体认作这块表的各个成分。(应当注意,按这条思路走下来,就没有理由认定这块表的各个成分一定就是组成手表的各个实体零件了。)

在这个背景下来解读 2.0201 就会比较容易。假设我们考虑一个谈论某茶壶的命题,例如:"茶壶重五盎司",并把茶壶视为复合

41

1　可以对比维特根斯坦本人后来在《哲学评注》(*Philosophical Remarks*) 附录中以"复合体与事实"(Complex and Fact) 为题的探讨。

体,其成分为壶身与壶盖儿,故而当且仅当壶盖儿盖在壶身上时,茶壶存在[1]。那么我们可以把上述命题重写成:"复合体[壶盖儿-盖在-身上]重五盎司",然后再把它分析成这样:"壶盖儿在壶身上盖着,并且壶盖儿与壶身的重量之和为五盎司。"维特根斯坦谈到"完整地描述复合体的命题"时,所想到的就是上述命题的前半句。那么如果壶身和壶盖儿本身又是复合体,我们可以再分析一遍,得出一个更复杂的命题。这个分析流程有可能要一直重复下去,每一阶段的分析都揭示出更进一层的复合实体,但这个流程也可能最终会停下来。而它停下来的唯一方式在于我们达到这样一个阶段,这是从谈论复合体的命题分析出来的命题所谈论的,是并非复合体的成分:亦即简单对象,而说简单对象有可能不存在是在说胡话。

42

　　那么现在产生了这样的问题:"上述分析即使永远不会终止,又有什么要紧呢?"更根本的问题是,"做这种分析为的是什么?"就算认为"茶壶重五盎司"相当于"壶盖儿在壶身上盖着,并且壶盖儿与壶身的重量之和为五盎司",那么为什么要把前者分析为后者,而不如其所是地简单接受前者呢? 对此,维特根斯坦最初的回答在2.0211:如果我们不能完成上述分析流程,那么"假使世界没有实体,那么一个命题是否有意义就依赖于另一个命题是否为真"。他这里的想法,展开来讲是这样:假设我们考虑一个提到偶在实体的命题,诸如包含人类专名的命题,比如说,"苏格拉底是有智慧的。"依我们平常的理解,该命题提到了苏格拉底的名字,并把一个属性归于这个人,所以这个命题是真是假,依苏格拉底是否有智慧而定。但这种理解预设了苏格拉底的存在,并且只有假定了的确

1　不消说,这个例子简化得较为造作,举出来只是为示例起见,而如果真正分析到一个对象的成分,会比这复杂得多。尤其要说,若考虑到我前述的观点则没有理由认定,像茶壶这样的对象,其成分是从物质上组成它而小于它的各个部分。

有过苏格拉底这个人,这个命题才有真假可言(这在维特根斯坦看来就等于说它有意义)。可我们就算知道"有过苏格拉底这个人"为真,这又是个有意义的命题,我们原本举例的命题,则只有当这另一个命题为真时才有意义。

于是又有一个问题:"那又怎么样呢?"毕竟,我们用名字称呼周围的人,用名字谈起这些人,都没遇到什么麻烦。固然,假若从来没有这些人,我们就不能再给说到这些人的命题赋予我们现在能赋予它们的意义,但这没有给我们运用语言造成什么明显的困难。这时候维特根斯坦在2.0122回答说:"那样的话,就不可能勾画出世界的(无论真的还是假的)图画了。"维特根斯坦的想法在此表达得极为简略,特别是维特根斯坦毫无预兆地把图示观念引入到讨论中,尽管到后文中,维特根斯坦才又把图示观念摆在他对语言和思想的整个说明的根基之处。他做出的说明,要求对图画有一种相当特别的理解,而这种理解也只有到后面那个阶段才得到论证。现阶段,我将只对维特根斯坦的说明中对于理解本段论证来讲必要的几点做一概述。

43

- 首先,图画包含了图画对于实在所形成的表现关系(2.1513)。维特根斯坦把图画描绘其所描绘者这一点,作为图画的要件包括在图画之中。

- 第二项要求有悖于直觉,但我认为,无论是对于弄懂本段论证,还是对于弄懂我们下一节开头会考察的一点,即维特根斯坦对思想的理解,这项要求都是必需的。我们到第3节开头会考察维特根斯坦为什么给图画概念加上这项要求。而为眼下目的,我们先对这项要求稍作解释,以说明它如何支撑本段论证。维特根斯坦的图画观念认为,一幅图画是图画以及它画的是什么,都是这幅图画的内在性质。我们必定无需指向图画之外的任何东西,就能认出一幅图画是图画以及它画的是什么。

对此心中有数之后，我们来考虑一幅图画——比如，拿破仑正向莫斯科进军——或者如下命题："1812 年，拿破仑进军莫斯科"，毕竟维特根斯坦已经在此预设了命题也是一类特别的图画，尽管还没有论证。曾有拿破仑这么一个人，这属于偶在事实。因此，就这样一幅拿破仑进军莫斯科的图画而言，如果我们让这样一幅图画存在的可能性取决于拿破仑的存在，那么这幅图画之为图画就取决于图画之外的某个东西，而这个东西是否存在，单单研究图画本身是推论不出来的。（维特根斯坦在《笔记》的相关部分以及《逻辑哲学论》全篇中，都只考虑描绘实在的图画，不考虑描绘虚构事物的图画。）因此，我们若坚持认为，一幅图画图示其所图示者这一点是其内在性质，我们就必须解释如何能不依赖于拿破仑曾经存在而图示他。因此，我们用前述的方法，把关于拿破仑的图画（命题）分解成更简单的图画（命题），而这些更简单的图画表现的简单成分，是

44　我们可以先天地保证其存在的。而既然这样保证了存在这些简单成分，我们就无需指向图画本身之外才能知道它是否图示了什么。

对象之为简单的

既然维特根斯坦以简单性来刻画对象，读者最初有可能会以为对象是极微小之物，类似古希腊哲学的原子或者牛顿的微元。但其实维特根斯坦的刻画会使我们对于对象产生错误的理解。后文 3.24 处，维特根斯坦会直接论证对象的简单性。不过在当前语境中，维特根斯坦是从对象"构成世界的实体"——可以简称为对象"必然存在"——来推出其简单性的。抓住这条线索，才能正确理解这里所说的"简单"。对象之为简单，在于对象不是复合体，亦即不是上述"复合体理论"中说的那种复合体：假如对象成了复合体，其存在就会是偶然的，也就需要按我们考察的这段论证所述的方法来分析。

对象的"必然"存在

虽然我们很自然会把维特根斯坦的对象当成"必然存在"的，但如此表述也会歪曲维特根斯坦的本意。倒不如说，对象无可置疑地存在，意思是说，我们无法把对象是否存在的问题看作有意义的问题。我们之前已有的设想是：存在这样一组对象，一组构成了语言（即"勾画出世界的图画"）所必需的前提条件的对象。既然这是语言所必需的前提条件，那么，想象一个极为不同于现实世界的世界，就不是去想象没有这些对象的世界（2.022），而是去想象正是这些对象在其中以有别于实在的方式重新组合的世界。而且，既然这些对象是语言所必需的前提条件，我们就不能在语言之内询问对象是否存在。在此，我们第一次看到整部《逻辑哲学论》的核心思想有所透露：我们不能询问那些对象是否存在，也不能说那些对象（必然地）存在，而把我们引向对象必然存在这一说法的，其实是某种由我们语言的工作方式显示出来的东西。

事态之为对象的直接结合   45

2.03 在事态中，对象有如一条链子的诸环节那样互相勾连。

尽管本段是维特根斯坦事态观念的关键，但我还是打算一笔带过。他的这个论点，倘若不借助举例而采取非隐喻的用词，则很难表述清楚。不过大致的想法是，对象的结合是直接的，并不需要任何连接纽带。这意味着，单单指定哪些对象相互结合就足以指定一个事态，不必额外说明所指定的对象形成怎样的关联：我们之后会看一个上述之点有可能具体体现成什么的例子，那时候其要点或许会清楚一些。

对象之为世界的形式

在 2.023 这段,维特根斯坦把对象说成是构成世界的"固定形式"。我们若以为维特根斯坦谈论的是物质粒子一类的对象,那么"固定形式"这个说法听起来当然会很怪异。不过,考虑第 1 节介绍过的一点,即诸事态分布于逻辑空间的不同点位,我们就能明白"固定形式"这种说法是什么意思了。维特根斯坦本人坦承,他不知道对象实际上有何种个例,然而,在他作为可能性而反复举出的例子里,有一类是"视觉空间中的一点"这样的空间实体[1]。再考虑《笔记》中这类段落:

> 我们可以把坐标值 a_p,b_p 看成一个命题,它陈述的是质点 P 处于位置(a, b)上。要让我们能做出一个断言,a 与 b 必须实际上界定一个位置。要让我们能做出一个断言,逻辑坐标也必须实际上界定一个逻辑位置![2]

我们可以遵循这些提示来构建一个示例,以阐明本节一直在考察的这些想法可以怎样体现出来。(当然要强调此处只是示例:逻辑空间的实际结构也许与这大为不同——几乎无疑会远远比这么一个简单模型所提示的更为复杂。)假设我们生活在遍布牛顿式物质粒子的欧氏三维空间里,因此只要说明何处有、何处没有物质粒子,就可以完整、确切地说明这个世界。接下来,我们可以把任一事态视作一个处于特定时空位置的牛顿式质点的存在:质点的位置可以用笛卡尔坐标——(x, y, z, t)来指定。然后,如果把《逻辑哲学论》的对象理解为各个空间平面和各个瞬时点,那么一个事态就可以理解为三个平面在某时刻相交于一个质点。该模型中,对象的"必然性"在于,假如没有什么特定的空间平面,我们就无从想

[1]   见 Lee, *Wittgenstein's Lectures*, p. 120.

[2]   Wittgenstein, *Notebooks*, pp. 20-21.

象空间本身的存在该如何体现。每一事态都可以当作对象的一种结合。事态将在逻辑上彼此独立,而只要说明究竟有哪些事态存在,即可完整地说明世界。

当然,逻辑空间的实际结构,会比这一简单模型所能想见的要复杂得多,不过我愿说,想要满足维特根斯坦在本节中论证的所有要求,所需的也不过是该模型的一种大为复杂的版本而已。

图画

2.1 我们为自己绘制事实的图画。

从 2.1 起,我们就进入了本节后半部分,维特根斯坦在这部分引入了图示概念。我们对这部分的讲解会比前半部分简略些,毕竟这里引入的主题会在后文当中有更细致的探讨。图示观念对此后的一切都至关重要,它会成为后面论思想和论命题这两节的主导观念,而这正是由于维特根斯坦所要论证的根本主张,就是思想与命题乃实在的图画。本节当中,维特根斯坦只是概述了涉及图画的某些对下文较为重要的关键论点。

图画之为模型

2.12 这段把图画解释为模型。维特根斯坦这里采用的模型概念很简单:如果要为某一组对象的安排方式建模,我们就用另一组对象替代第一组,让第一组的每个对象都在第二组里有一个对象与之对应。我们把第二组对象安排成某种样子,用它来表现第一组对象安排成了对应的样子(2.15)[1]。我们可以把这看成某一情

47

1　这方面,维特根斯坦在 4.04 提到 H.赫兹(H. Hertz)的《力学原理(用新形式表述)》(*Die Prinzipien der Mechanik in neuem Zusammenhange dargestellt*; ed. Philipp Lenard; J.A. Bath; Leipzig, 1894),这说明模型在物理学和工程学领域中的运用,会是促使维特根斯坦把命题设想为图画的一个主要因素。赫兹提出,科学理论可以视为其所谈论的物理实在的模型;《逻辑哲学论》的"图画论",可看成把这一思想推广到了整个语言。

形在另一媒介里的再现。我们不难看出这种建模概念可以如何用在事态的情况,而这一简单情况,我们在本节开头处已经思考过。在事态中,某组对象以某种方式结合起来,我们于是不难有另一组对象以相应的方式结合起来。然而,维特根斯坦在此处和另一处(4.01)提出的观点,是更为彻底、初看也更难解的主张,即一切图画在此意义上都是模型,这包括了肖像画,最终也包括我们平常说话用到的命题——这些命题一经分析,说到底也是模型。有些评论者曾欲将"命题图画论"的适用范围限制在表现事态的命题(维特根斯坦将把这些命题称为"基本命题")这一简单情况,于是严格来说,维特根斯坦不该说一切图画与命题都是模型,而应该只说基本命题是这样的模型,并且说我们可以利用真值函数(见下文命题5)把这样的基本图画搭建成更复杂的命题与图画。但那明显不是维特根斯坦的本意:无论何时,他有关模型与图画的论断都是在完全一般的层面提出的。因此,我们需要思考的问题是:"维特根斯坦何以认为他视图画为模型的观念,竟然也适用于很复杂的图画和命题呢?"这是我们读第 4 节的 4.0312 及以下各段时会细究的问题。

图画之为事实

2.141 引入了维特根斯坦图画观念的又一个关键要素:把图画视为事实。起初,我们很自然会把一幅图画视为复合物——例如,视为一幅涂有一摊油画颜料的矩形画布。可是我们一面把图画当作复合物来考虑,一面也能明显区分出该物的哪些特征有表现意义,哪些特征没有表现意义。依此,绘制图画用的是油画颜料这一事实,在实在中没有什么对应之点,但颜料斑块的各种色彩,完全可以表现出所表现情形中的物体有相应的色彩。同理,颜料斑块的空间分布,可以表现出图画所表现的物体有相应的空间安排。维特根斯坦并没有把图画等同于复合的物理对象,而是把图画等同于具有表现意义的全部事实总和：图画中的各元素以特定方式关联起来的事实，表现了诸对象以相应方式关联起来的情形（2.15）。

对此我们可以这样认为：维特根斯坦是在把图画看成某一情形在另一媒介中的再现。不妨考虑一种最简单的建模：比如说，用乒乓球代表氢原子和氧原子，以表现一个水分子。这时，我们可以用线把两个粉乒乓球跟一个蓝乒乓球串在一起。那么，我们所表现的情形中并没有什么粉色和蓝色的东西，但这些球的特定排布再现了诸原子的相应排布。下节 3.14 处，我们还会再讨论"图画即事实"的思想。

图画之与图画所描绘者共有某种东西

统领《逻辑哲学论》的一个主题是如下思想：图画无论是正确还是错误地描绘一个情形，只要它进行描绘，都必须与它所描绘的情形共有某种东西。该主题还引入了本书另一关键思想：图画并不描绘那种它与它所描绘的情形必须共有的东西，而是显示这种东西（2.172），而可显示的东西是不可说的。4.121 会深入讨论这点，而当前上下文中，我将只对其基本思想做一示例。

假设我们想表现一组对象形成的空间关系——比如说一名士兵想要说明战斗中各个部队的相对位置关系，于是在桌布上摆放各种调味罐。他用盐罐代表敌方炮兵，用胡椒罐代表己方坦克，诸如此类。那么这一表现手段，就是靠着把桌布上各种罐子摆放成特定的空间关系，来表现敌我部队形成的特定空间关系。摆放罐子的士兵既可能正确表现了各部队的空间关系，也可能没有。但有件事是他但凡想表现这场战斗就必须做到的：他必须要把各种调味罐按一个空间关系来摆放。他是用一个空间关系表现另一个空间关系，即使他对敌我部队的空间关系表现得不正确也不改变这一点。他所做的表现并不说出战场上各个部队有空间上的关

49

系,它真正说的是这些部队形成了怎样的空间关系。这些部队之
有空间上的关系,已经由表现方式本身预设了:除非你明白这是在
用空间关系表现空间关系,否则你就根本没能把这种表现作为表
现来理解。战场上的部队之间具有空间关系这一点本身,是表现
方式显示出但并不说出的。

当然,我们采取的表现技法有可能相当地出于造设(artificial),
例如我们不是用空间关系来表现空间关系,而是用元素间的另一
种关系来表现空间关系。我们可以用图表里的一根线来表现一个
公司的盈亏,用饼图来表现有百分之多少的人把票投给某个党派,
而维特根斯坦本人也会把乐谱或是留声机唱片上的纹路说成是交
响乐的图画(4.01)。表现技法越是出于造设,那么说图画与其所
描绘者还有某种共同点,其意味就越淡薄:留声机唱片与交响乐之
间,看不出有何共同之处。但无论怎样淡薄,维特根斯坦的主张真
正在于,图画与图画所描绘者必须共享某种最起码的逻辑形式:二
者必须有同样的"逻辑复多性"。这一主张,我们到第 4 节的 4.04
还会再谈。

表现与描绘

现在要讲的是一个术语上的要点,不过也牵涉一些重要的实
质问题。维特根斯坦区分了两个不同的概念,分别以"Abbildung"
和"Darstellung"来标识。虽然这两个词在一般德语中均可译为"表
现",但在维特根斯坦的用法中却需要区分。现有两种英译本都把
"Abbildung"译为"depiction"(描绘),把"Darstellung"译为
"representation"(表现),我也遵循这种译法[1]。为了突出这个区

---

[1]　对采用奥格登译本的读者,我想提醒说,虽然这是主要的译法,但该译本并没有
　　一贯坚持,有时也把"Abbildung"译成"representation"(表现)。若不对照德文原
　　著,偶尔会产生误导。

分,我们可以留意到,维特根斯坦总把这两个词用在不同对象上:一幅图画描绘的是实在,表现的则是一个情形。不妨举例说明这个不同。假设有一幅图画,从中可见苏格拉底剃净了胡须,而现实中,苏格拉底既可能剃净了胡须,也可能没有。(可以假设他其实是蓄须的。)这样一幅图画表现了苏格拉底剃净胡须的情形,描绘的则是我们要拿图画去比较的实在:苏格拉底的实际状态,即他蓄须的状态。图画表现的东西内在于图画,可以径直从图画中读出。图画所描绘的,则是我们要拿图画去比较的世界上的某种东西。正因为我们既能够把图画当成对一个情形的表现,又能够把它当成对实在的描绘,图画才有可能歪曲实在(misrepresent)(2.21),比如说,我们设想的那幅图画表现出苏格拉底处在有别于实际状态的另一种状态,以此歪曲了苏格拉底。

图画既能看作表现又能看作描绘的重要之处,在于初步提示出视命题为图画的观点如何有助于解释命题的最基本特征,即命题之有真假可言。命题所表现的东西,如果与所描绘的东西一致,命题就为真;如果不一致,命题就为假。

讨论话题

我对 2.02～2.0212 做出的解读并不是标准版本。远比我的解读常见的是另一种解读,即认为维特根斯坦这个观点假定一种强**二值性**:对一个命题而言,仅当不可能指定任何一个该命题在其中既非真亦非假的可能世界时,该命题才有意义。那么你觉得我这种解读的说服力如何?你会偏向于哪种解读?

我在评论 2.023 时提出了一个模型,读者可以用本节里维特根斯坦提出的各种说法来检验它,看看这些说法能否在该模型中得到满足。这样的模型对于弄懂这些说法的意思能起多少辅助作用呢?

第 3 节 "事实的逻辑图画是思想"

"事实的逻辑图画是思想。"图画与命题记号之为事实。简单体与复合体。意义的确定性。"语境原则";表达式之为命题变元；记号与符号。

图示观念以及"命题之为图画"的观念，对维特根斯坦的思想有两个不同方面的重要性。我们在本节关注的前一方面在于维特根斯坦将提出，对思想这项活动涉及什么的分析，要求我们把命题视为图画。后一方面则是下节前几段的主题，即维特根斯坦在其中所提出的如下主张：只有当命题是图画，我们才能明白命题何以有真假可言。这两方面虽然在维特根斯坦的头脑里密合无间，但仍是两个独立的论证，仔细区分两者也很有必要。而假如我如下的见解无误，则更是如此：我认为，眼下这种视命题为图画的观念，至少就维特根斯坦的阐发角度而言，是与某种心智哲学问题上的特定思维方式难解难分的，而这种思维方式在《哲学研究》中不断受到批判。对这种批判的考察则远超出本书的论述范围。不过，这种批判确实毫不伤及下一节对命题之为图画的论证。维特根斯坦在下一节会提出，仅当我们把命题视为图画，我们才能够解释命题何以是可真可假的。而即便对本节中可见的那种心智现象观念提出抨击，这样的抨击也影响不到下一节的论证。

本节的基本思想很简单，这就是：我必定知道我在想什么，因此，如果我正想到某个特定情形，那么在我心中，必定有某种东西本质上与该情形相连。该情形本身显然不处于我心中，因此，我心中必定要有某种替代品能用来重构实际的情形。而适合充当这种替代品的，唯有该情形的模型或图画。此外，那个替代品还必须内在地（internally）关联于所想到的情形，这样一来，我心中一旦出现了那个替代品,就可以先天地确保我想到的就是那个情形 1。而假如我心中的东西与那个情形只有某种外在关联,例如只有一种因果关联,那么我心中的东西就不能保证我在想的是什么了。这就是维特根斯坦在 2.1511 说到图画"直接触及实在"时的真正想法。假如图画不能"直接触及实在",我就会完全无法思及实在,说我想到了拿破仑也就永远都是错的,而正确的说法只能是,我的某个想法事实上跟拿破仑有某种因果联系。

而这又指向了另一点,即我之前说对 2.02~2.0212 的论证很关键的一点。不但一幅图画必须在本质上与它图示的情形相联系,而且,它是一幅图画,它图示的是那一情形,这些也必须是图画的内在性质:图画本身必须包含其所表现的情形的可能性(2.203)。正是这进一步的要求,支撑了第 2 节里如我解读的对简单对象的论证。假如思想这回事就在于持信一幅所想到的情形的图画,同时假如上述要求又没有满足,那么我就无法肯定我是不是在思想,也无法肯定我在想的是什么了。处于维特根斯坦整段讨论背后的想法就是,我必定能够知道我的意思是什么以及我在想什么。

也请留意,维特根斯坦在命题 3 中,不止于说思想涉及对图画的使用,而是实际上把思想等同于图画。如果图画以适当方式出现在我心中,那么我凭这一点本身,就是在想图画所表现的情形是属实的了。此处,思想这种活动,并不是被视为先形成一幅表现 p 的图画,接下来再对自己说"实情正如图画所示"。相反,只要以适当方式形成图画,就已经是认为 p 了。(否则就会陷于没有必要的无穷回溯。)

1　有关这一点,可对比 *Philosophical Remarks*, section III。

命题记号之为事实

维特根斯坦在 3.14 中,把 2.141 的主张应用在命题记号这一特定情况上。正如一切图画,命题记号也不应视为复合物,而应视为事实。有两段值得特别注意,这就是 3.141~3.142 和 3.1432。

3.141~3.142 的论述虽然极为简略,维特根斯坦却在此强调了把命题视为事实的一条最重要的理由:如此看待命题,可以巧妙地解决一个困扰过弗雷格的问题。无论怎样对命题予以说明,这种说明都必须调和我们就命题所持的两个相对立的想法:一个想法是,命题本质上是复合的;另一个想法是,同样从本质上说,命题中的词语应能结合起来,表达一个单一的思想。而什么才构成命题的统一性呢?命题记号如何有别于词语清单呢?毕竟,我在把"约翰"、"爱"、"玛丽"这些词语当成一份清单依次写出时,我所做的事情,与我写下"约翰爱玛丽"这个命题记号时是一模一样的。这两种情况下,我都制造出一个以"约翰"、"爱"、"玛丽"为其组成部分的复合物,但在后一种情况下,我写下的词语却表达了一个单一的思想。在维特根斯坦看来,想解答这个问题,只需要你不把命题记号视为的确由我所造出的复合物,而是把命题记号视为"约翰"、"爱"、"玛丽"这几个词以一定次序排列的事实。把命题记号作为命题记号来领会,恰恰就在于认出这件事实。

53　　下面 3.143 和 3.1431 这两段,很难说有多大帮助。实际上,尽管我们能看出是什么把维特根斯坦引向了他这两段里的说法,但其中的思想是不高明的。没有哪种表达模式,能把看待命题记号的复合物视角与事实视角之间潜在的混淆消除掉。即便我们是用一件件家具来构成命题记号,也无法保证别人就不会把那些家具组成的复合物当成命题记号。

命题 3.1412 是在具体解说怎样才算是把命题记号视作事实。

考虑"约翰爱玛丽"这个命题记号的时候,我们不要说,"约翰爱玛丽"这个被视作复合物的语句,说的是约翰与玛丽处于相爱的关系中;相反,我们应该说,"约翰"、"玛丽"这两个名字位于"爱"这个字两侧这一事实,说的是约翰爱玛丽这一事实。

这样一来,我们但凡有一个命题,就有了为某一情形建模的一件事实,也就是有了某一情形在另一媒介中的再造。这一点可以借助警察重构犯罪现场的类比来理解。比如说在一次重构当中,女警官替代受害者,男警官替代罪犯。而从两人摆出的态势可以看出罪案据推测是怎样发生的。用同样的道理来说明命题记号,那么"约翰"就替代约翰这个人,"玛丽"就替代玛丽这个人,而我们把这两个名字排列成的那种关系,就表明了我们想说约翰与玛丽有怎样的关系。

对命题的这番说明,实质上强调了名称在语言中的角色,也解释了名称理应起什么作用。名称是命题记号里用来替代对象的元素,所以维特根斯坦甚至会说"名称意谓对象"(3.203),并因此在3.2s 各段开始讨论名称的本性。

维特根斯坦就名称提出的主要论点是:名称是简单记号(3.202)。而他真正的意思是,名称本质上是简单的。一个记号可能写起来很简单,其实却是一个复合词组的缩写。然而,名称不能视为任何更复合的东西的缩写(3.26)。说某个名称是简单的,这意味着只要你说该名称在命题里替代一个对象,并且说该名称的意义不外乎替代它所替代的对象,就完整地刻画出了它的意谓以及它在语言里的角色。

这会引向一个问题:"这样说来,什么才是语言中真正的名称呢?"我们在 2.0201 已经看到,维特根斯坦没有想当然地以为,我们用来称呼复合物的日常名称果真能按他的标准充当名称。相反,日常名称通常是更为复合的词组的缩写。接下来维特根斯坦将要

54

论证一点:真正简单的记号——语言中的名称——只有一种,这就是自身简单的对象的名称。

维特根斯坦在 3.23 提出,要想满足"对意义的确定性的要求",需要有简单记号。他在 3.24 论证了这一点,其中关键的是第三段:

> 某一命题元素之指示一个复合体,这一点可以从这一命题元素在其中出现的命题所具有的某种不确定性上看出来。这样一个命题,我们知道它尚未把一切都规定好。(实际上,量化记法已经包含一个原型。)

这段话对于理解如下两点至关重要:一是维特根斯坦对如何分析命题的认识,二是他提出的必须有简单对象的主张。既然这段话如此重要,加之表述又极为简略,下面我就多花些篇幅讲一讲。初看上去,这段话里有些东西看似呼应了 2.02~2.0211 对简单对象的论证。3.24 开头的一句尤其像是在重述 2.0201。但实际上,两段话所包含的论证不但相当有别,还存在着深层的潜在冲突。

首先,这两段论证的前提完全不同。上节那段话引以为论证起点的,首先是某种对图画的特定理解,连同另一点,即如此理解的图画必定可能存在。本节这一段,则并不从任何方面依赖于对图画的那种理解,甚至不依赖命题即图画的观点。相反,本节的论证引入了一个前文讨论中从未出现过的新观点:"意义必须是确定的"。然而这两段论证不仅前提不同,连结论也不同。两者虽然都主张,凡提及复合体的命题均可分析为一组谈论简单对象的命题,然而果真按这两种思路把一个提及复合体的命题分析到底,会得出两份大为不同的分析结果。其实,浏览一下《笔记》中的背景讨论就能发现,2.02~2.0211 与 3.23~3.24 出自维特根斯坦思想的两个不同的阶段,而且要想调和这两段的思想,就需要改动前一段的思想来照顾后一段的观点,而后一段的观点就是我们下面要剖析的。此处的原著文本极为简略,所以我们几乎无可避免要查阅《笔记》,而且剖析 3.23～3.24 论证的良策之一,就是去追踪维特根斯坦《笔记》所体现的思想发展进程 1。

但我们得先判明维特根斯坦此处所说的"确定的"(bestimmt)的意思,然后在此基础上弄懂为什么该有"对意义的确定性的要求"。"不确定"一词有两种截然不同的解读:它既可以理解为"模糊",也可以理解为"不确切"。两种解读的差别,可以解说如下:如果一个命题是真是假的问题无法明确回答,我们就说它"模糊";而如果一个命题有很多种成真的方式,我们就说它"不确切"。不妨以如下例句说明:

> 舒伯特的某些后期作品是早期浪漫主义的典型代表。

上述命题可以看作既模糊又不确切。模糊之处在于,没有清晰的标准来判定什么是、什么不是浪漫主义,因而无法为命题赋予明确的真值;不确切之处在于,这个命题没有指定所涉及的是舒伯特的哪些作品。把这个例子改动一下,就能看出两个概念的区别。比如我们说:

> 舒伯特的《冬之旅》是早期浪漫主义的典型代表。

这个命题就比前一个更确切,但还是同样地模糊。

《笔记》的条目中,既有一些论述关注对模糊的语言做出说明的问题,也有一些论述关注对不确切的语言做出说明的问题。有不少论述可能是同等地关注这两个问题。甚至维特根斯坦也可能没有在头脑中把这两个概念分清楚。但是,一旦我们考虑《笔记》中紧邻 3.24 的上下文 2,我们就能明显地看出,解读 3.24 本身时应该把"Unbestimmtheit"理解为"不确切性"而不是"模糊性"。若把

---

1 《笔记》中尤其与此相关的条目,是从 1915 年 6 月 14 日到 1915 年 6 月 22 日诸条,位于第 59-71 页。

2 Wittgenstein, *Notebooks*, p. 69.

"Unbestimmtheit"理解为模糊性,我们无论如何是看不出 3.24 的论证该怎样展开说明的。

56　　既然对确定性的含义有了这样的理解,那么"对意义的确定性的要求"又是从哪里施加的呢? 对这个问题,最清晰的回答之一可见于《笔记》中的如下段落:

> 我们虽不可能把**命题**分析到具名列出其元素的地步,但这并不有悖于我们的感受;我们真正的感受是**世界**必然要由各种元素构成。这一点看来又等同于如下命题,即世界必然是其所是,世界必然是确定的。换言之,摇摆不定的是我们的规定,而不是世界。假如否认这点,则看起来就等于是在说,在类似于我们的知识是不确实(uncertain)、不确定(indeterminate)的那种意义上,世界仿佛也可说是不确定的。

> 世界是有个固定结构的。[1]

我们把"确定性"的意思理解为"确切性",那么这段话的大意是,确切性的缺失是我们语言的特征,而不是世界的特征。我们口中说出的命题有些比较确切,有些不太确切,但是,如果我们说世界上那些实际使命题成真或成假的情形是不太确切的,那我们就是说胡话了。所以如果我说"汤姆欠了些钱",那么这句话从各方面看都不确切,像维特根斯坦在《笔记》中反复说的那样,它"尚未决定各种可能性",但这句话一旦为真,总会是凭某一绝对确切的情形而成真。于是该命题没有说出汤姆欠了谁的钱、欠了多少钱之类,但该命题不能在没有那么一位汤姆欠了钱的有名有姓的人的情况下,就凭汤姆-欠-某人-钱这一点成真。那么,不确切命题的意义就应能指定这样一系列的确切情形,其中任何一个实存,都会使命题成真。此外,凡是理解这个命题的人,都能把那些确切情形中的任

1　Wittgenstein, *Notebooks*, p. 62.

何一个,当作能使所说命题成真的情形予以承认,而且如维特根斯坦所言[1],这是"预先决定好的"。如果某个特定情形使我所说的命题成真,那么该命题就必须有某种特点,可使命题具备的意义能够在那一情形的实际出现之前把那一情形指定为会使该命题成真的情形。

由此可见,给出一个命题,我们必定可以用某种办法来具体解说该命题的意义,以表明是哪些确切情形使命题成真——这实际上就是要把该命题表示为一个很长的析取式,其各析取支是一个个完全确切的断言,每个断言都指定了一出现就会使命题成真的一个确切情形。接下来,为了方便读者理解维特根斯坦的论证,我要提前引入"基本命题"的概念,维特根斯坦本人则到 4.21 才将其引入。所谓一个基本命题,我们可以认为就是一个没有逻辑复合性的、只表现一个事态的命题。这样一个命题以我们能想象到的最简单的方式为一个事态建立了模型,这就是用诸名称的一种排列来为诸对象在事态中的相应安排建立模型。为了表明"意义"如何是"确定的"——换言之,我们平常提出的那些不确切的说法,如何总是凭世界上实际发生之事的完全确切的具体细节而为真或为假——这时候,我们就这样来表示出该命题的意义:我们表明,诸基本命题的真与假的何种组合使该命题为真,何种组合使该命题为假。对一个命题予以如此展现的表示方式,我们把它叫作对该命题的"充分分析",因为它详细表明了该命题如何凭世界的具体细节而为真或为假,表明了该命题如何"直接触及实在"(2.1511)。这样一种充分分析,会让该命题与一旦实存就会使该命题成真的确切情形之间的内在关联一目了然。

这样,语言中"真正"的名称就是能出现在基本命题里的名称

1　Wittgenstein, *Notebooks*, p. 64.

（4.23）。于是要处理的问题就是："复合物的名称能算作这种名称吗?"或者说"复合物的名称能出现在基本命题里吗?"从《笔记》中可见,维特根斯坦为此绞尽脑汁,在三种互相冲突的立场之间犹豫不决。(1)第一种立场是,我们平常既然叫着周围的人、动物以及其他复合物的名字,那就不妨直接把这种做法当真。毕竟,我们确实不加考虑、自然而然地叫着这些事物的名字,看来也没在这上面碰到什么困难。(2)关于复合物的命题,应按照我们解读 2.02~2.0211 时考察过的思路,分析为关于复合体之成分的命题。(3)第三种立场是 3.24 的论证所涉及的,可以视为对第二种立场的驳斥。

在《笔记》里,维特根斯坦探究了诸如"手表在桌子上"的命题,以及是否可能把这种命题分解为关于手表的诸成分的命题。为讨论之故,维特根斯坦把这些成分设想为那些玻璃和金属的小块——各类表带、弹簧、齿轮等。起初,他按 2.021 提示的思路进行分析。那么一个关于手表的命题,就等价于谈怎样排列那些小块才能形成这块手表的命题,连同关于那些小块的进一步的命题,即等于是说所形成的手表确实在桌子上的命题。这条探究思路引向了一个明显夸张的说法:

> 如果我说这块表闪闪发亮,而我用"这块表"所指之物的构成又在一极细微的特定方面发生变动,那么这就不仅意味着上述句子的意义有内容上的变动,也意味着我就这块表所说的东西都马上改变了意义。命题的整个形式都改变了。[1]

这固然夸张,但想法是清楚的:若要把某个谈论一块手表的命题分析为谈论其成分的命题,那么只要这块表缺了一个成分,比如缺了一个不会明显影响其平稳运行的小齿轮,那么分析后的命题里就不得不删去整个一系列的子命题,即那些提及这个齿轮的子命题,

---

1　Wittgenstein, *Notebooks*, p. 61.

而删去之后,产生的是一个具有完全不同的逻辑形式的命题。而构成 3.24 的论证的,正是维特根斯坦对这条思路的答复:

> 比如我说,这块表不在抽屉里,那么完全不必从这句话**逻辑地推出**手表里的一个齿轮不在抽屉里,因而,我本来以"这块表"一词所意指的,也绝不是那个齿轮出现于其中的复合体。[1]

如果有人就一块手表说了点什么,这人对手表的实际组成的了解会很有限,一般来讲是极为有限的。这就意味着,不可能依照手表的实际组成来分析他说话的意思。但他会知道,某一套玻璃片、齿轮等零件以某种方式组装在一起,可以制作出那块手表,于是这就把一种很高的不确定性(即不确切性)引入了对他的意思的分析当中:

> 因为假如我讨论一块手表,而我既意指某种复合的东西,但我意指的东西又不依赖于合成手表的方式,那么在我所说的命题中就要出现一个概括。[2]

这意味着,我们经过分析发现,我们平常说出的包含日常复合物名称的命题原来是非常不确切的,比如我们就一块手表提出的说法,一般都会相容于手表的很多种组装方式,那么要想具体说明使我们所说的话成真的东西,我们就需要采取一些概括手段[3]。

这样一来,如果一方面基本命题是完全确切的,另一方面,如

59

---

1 Wittgenstein, *Notebooks*, p. 64.

2 同上。

3 值得注意的是,在 3.24 所出自的《笔记》条目中,下面这句话之后,即"某一命题元素之指示一个复合体",这点可见于该命题元素在其中出现的命题所具有的一种不确定性"这句话之后,维特根斯坦还写道:"这来源于此类命题的概括性"。这句补充无疑有助于澄清他的意思,而似乎有悖于情理的是,他在《逻辑哲学论》中,竟把这句补充从已然高度浓缩的整段话里删去了。

果包含复合物的名称的命题,经考察可知是非常不确切的,那么基本命题中就不能包含复合体的名称。但是如果基本命题是由名称组成的,那么这些名称只能是简单对象的名称。所以,要想让基本命题有可能存在,必须存在简单对象。

有一个办法或许有助于我们弄懂这个论证,这就是把上述情况与下面这种情况作个比较,因为讨论下面这种情况的时候,很少有人会忍不住把里面的记号当作名称。请看"通货膨胀"这个词。拿"上个月通货膨胀加剧了"这个命题来看,说命题中的"通货膨胀"命名一个对象,然后说这个对象具有在上个月加剧这一属性,听起来都不太像话。果真要对人解说这个命题的意义,我们反而会讨论那些发生在相关时段的具体的财务交易,讨论这些交易连成的庞大网络——其中包括史密斯太太买了一套房子,琼斯先生买了一块面包之类的事情——还会讨论这些交易必须要怎样才会使"上个月通货膨胀加剧了"这个命题成真。"上个月通货膨胀加剧了"这个命题,不可能无所连带地(barely)为真而又无须存在一系列确切的财务交易,无须有某些情况就这些财务交易而言是属实的。任何理解该命题的人,一旦掌握了实际发生的买卖的所有详情,他原则上就能弄清楚这个命题是否为真。因此,我们原则上就能把"上个月通货膨胀加剧了"这个命题,分解为谈论那些实际发生的财务交易的一个极为复杂的陈述。

但是,"上个月通货膨胀加剧了"这个说法,虽然只能凭实际发生的某一种财务交易而成真,可这话并不告诉你实际发生了哪些财务交易,反倒与各项财务交易如何发生的许多种可能组合情况都相容。而如果这时候我们想把该命题的意义具体折算成这类财务交易来说明,就得把该命题表示成一个庞大的、以各种可能性为其分支的析取式。如此说来,这个命题会是极不确切的,却又总是会凭确切的买卖行为而成真或成假。从而,我们使用包含"通货膨胀"这个词的命题,就永远也达不到完全的确切性,而要想知道这样一个命题确切来说相当于什么,就总是要把它分解为一些谈论世界上实际发生的财务交易的命题。这一点有力地支持了我们的一个直觉:把"通货膨胀"一词看作名称,乃是错误的思路。于是我们可以把3.24的论证看作要表明,我们用来称呼复合物的日常名称与"通货膨胀"一词实属同样的情况。

初始记号与被定义的记号

接下来,维特根斯坦对比了初始记号与被定义的记号(3.26~3.261),其中以名称作为初始记号的典范情况。所谓被定义的记号,就是其意谓可以用其他记号来解说的记号,而初始记号则是那些解说中用到的记号,但其本身无法再这样来解说。这引出了如下问题:"我们怎样判别一个记号是初始的还是被定义的呢?"以及"我们怎样才能解说一个初始记号的意谓呢?"

3.262……潜藏在记号中的东西,由记号的应用所显明。

"柏拉图"这一名称,与任何通常认为命名了一个简单对象的名称,从表面上看没什么两样。但我们刚才考察过的论证则表明,"柏拉图"一词不同于简单对象的名称,而应看作被定义的记号,包含"柏拉图"一词的命题也随之会分解到让该名称经分析而消失的地步。那么凭什么说,"柏拉图"归根结底是个被定义的记号呢?维特根斯坦的回答是,要想看出一个记号起什么作用,必须观察其使用,也就是观察该记号的应用方式——在包含该记号的命题与其他命题之间,会有这样一些推论性链接,这些链接是任何理解该记号的人都会认为有效的;也会存在这样一系列情形,这些情形是任何理解了包含该记号的命题的人,都会承认能使那些其他命题成真的。正是这类事实显示出了一个记号实际上起的作用。而这一点也可以答复维特根斯坦后期哲学常对《逻辑哲学论》提出的一种批评，其所打出的是如下口号："没有什么是隐藏着的。"[1] 诘难的要点是如下想法：维特根斯坦在《逻辑哲学论》中的论述意味着日常语言必会有一些非常复杂的分析结果，他借助这种分析结果从表层向下深挖，以揭示能够解释表层现象的隐藏着的结构，而这种做法应看作类似于物理学家假定有亚原子粒子，以解释在他们的实验中看到的东西。而维特根斯坦在其后期哲学中强调，只要我们还想用语言来交流，那么无论哪种对于语词意义来讲重要的东西，都必定是在语言的表层显而易见的。但是我刚才提示的物理学家类比实为误导。因为在《逻辑哲学论》的作者看来，只要实际上看看人们怎么使用自己的语言，就看得出他在揭示的种种结构其实是明摆着的。不但如此，维特根斯坦的说明如果没错，那么对于这些结构，操那种语言的人就有一种默会的了解，这种了解体现在他们对语言的掌握上，体现在他们在实践中应用语言的能力上（参见5.5562）。

> 3.263 初始记号的意谓可用示例（Illustrative examples）来解说。示例即包含初始记号的命题。因此，唯有已经知道这些记号的意谓，我们才能理解那些示例的意思。

假如无法用定义——付诸言辞的解说——来解说一个初始记号的意谓，那该怎么对人解说这样一个记号的意谓呢？这个问题的解答，是从我所认为的 3.263 的正确译法中给出的。（"示例"是"Erläuterungen"可能有的意思之一，也是最能使本段易于理解的意思。）假定我们想对人解说一个名称的意谓：这时候我们不能单靠

1　尤其见 L. Wittgenstein, *Philosophical Investigations* (trans. G. E. M. Anscombe; Blackwell; Oxford, 1953), §§ 92-97.

指着所命名的对象进行解说,因为这无法把该名称的应用方式定下来,无法把该名称在语言中的角色定下来。所以我们别无他法,只有去使用它,换句话说,只能靠造出几个包含它的句子来阐明其用法。至于对方悟没悟出那些句子的意思,我们只能听天由命了,毕竟要明白那些句子的意思,只有先掌握名称的意谓才行。字词 62 解释总有用尽的一刻,这时没有别的办法,只能去使用那种语言,同时盼着对方能悟出来。(想想小孩子是怎么跟父母学会语言的。)本段强调的是名称的意谓如何无法脱离它在语言中的用法,而这一点直接导向维特根斯坦对"语境原则"的引入。

语境原则

在 3.3 中,维特根斯坦引入了如今称为"语境原则"的思想。这一思想是弗雷格在《算术基础》中首次提出的,他把这条原则制定为支配他探究的三条基本原则之一,其具体表述是:

> 永远不要孤立地寻问一个词的意谓,而总是在一个命题的语境中去寻问 [1]。

这条原则一直有广泛影响,但也一直被不同作者以种种不同的方式加以解读。就维特根斯坦而言,这条原则对他一生的思索都有核心意义,而且他一再提到这条原则,例如在《哲学研究》§ 49 中就以赞许的口气引用过它。尽管语境原则有各种解读,其背后的基本思想还是颇为明确的。如果我们想对意义做出说明,那么我们希望理解的是,到底什么叫作用语言有意义地言说或思考一件事。而有意义地言说或思考一件事,并不是孤立地使用词语或使

---

[1] G. Frege, *The Foundations of Arithmetic*, (1884; trans. J.L. Austin; Blackwell; Oxford, 1959), Introduction, p. x.

用其他小于一句话的表达式,而总是要使用一整句话。(没错,有时候我们只讲一个词就能说点什么,但这一概是因为,要么那个词是一整句话的隐讳说法,要么那个词类似于"是的",是当成一整句话来使用的。)由此可以推出,要对一个词的意义做出说明,其基本形式应是解释这个词对其中出现这个词的句子的意义有何贡献,也就是说,给出一个词,我们知道了出现这个词的所有句子的意义,那么就这个词的意义而论,所有该知道的东西我们也就都知道了。

(对语境原则,人们有时提出诘难说:即便在句子语境之外,比如在词典里,或者用某人名字来喊这个人的时候,我们仍能有意义地使用词语和名称。但这类诘难只在字面上触及语境原则,并不伤及实质,因为我们查词典想知道的,正是词语在句子里的用法,词典也是为此才给出这个词在实际言语中的片段,也就是告诉我们这个词怎样与其他词恰当地组合成句;至于我们用名字喊人的情况,只有当我们用来喊人的记号,同样用在就那个人说点什么的句子里,那个记号才是个名称。)

弗雷格和维特根斯坦都不只把语境原则应用到广义的词语意义上,还都把它特别地应用到这个问题上:"某一名称指称某物,这对该名称而言意味着什么?"想确立一个名称的意谓,光是指着某物说"它叫作'A'"是不够的,因为就这种做法本身而言,它并没有解释怎样在命题里使用这个名称。但是,如果我们知道怎样在命题里有所理解地使用这个词,那么有关该名称的意谓和指称,我们就知道了该知道的一切。这一点把我们引向维特根斯坦放在语境原则之后谈的话题。

表达式之为命题变元

维特根斯坦在 3.31 [1] 说,表达式可以表示为变元,其取值范围是包含了所要表示的表达式的命题。如果一个词或表达式只在命题语境里才有意谓,并且如果我们把一个词的意谓,理解为这个词对它出现在其中的命题的意义所做的贡献,那我们就可以把这个表达式设想成与一个命题系列有联系,这个命题系列就是该表达式在其中出现的有意义命题的系列。这样一来,知道这个表达式的意义,也就可以不多不少地归结为知道它对那些命题所做的贡献,还可以进而归结为理解那些命题,前提是你还知道那些命题包含的其他表达式的意谓。

如此说来,如果我们有这样一个表达式"A",它能够有意义地出现在"F(A)"、"G(A)"、"H(A)"等命题当中,我们就可以把它表示成变元"Φ(A)",其值就是那些命题。为什么要这样表示它? 有三点想法看来值得探讨。

第一点是,把表达式看作命题变元,无非是一种强调语境原则的做法:既然一个表达式只在命题语境中有其意谓,那么我们显明这一点的方式,就是把表达式展现为命题的潜在成分,这体现在我们给表达式加上了字母 Φ,以此表明,要把它补全才算完成一个有意义的言说行为,这样我们就把它刻画成了一个不完整的记号。弗雷格对比了名称与谓词,把这两者分别作为完整与不完整的表达式来看,而谓词之不完整,在于它需要附带一个变元,以表明如何用一个名称把它补全成一句话。此处弗雷格对变元的用法与维特根斯坦略有不同,因为在维特根斯坦那里,变元的取值范围是包含表达式的一切命题,而在弗雷格那里,变元的取值范围只包括用

64

1　原书作 3.13,现予以更正。——译者注

名称补全谓词所产生的命题。另外，弗雷格之所以把谓词和关系性表达式看作不完整的，是因为他在维特根斯坦的目的之外另有一个目的。这就是他想要把"ξ 杀了 η"与"ξ 杀了 ξ"［=杀了自己］区分开来，而"杀了"这个词假如不带变元，就无法指明它取的是这两种意思里的哪一种。而名称不会产生这样的问题，以至于指定了词语本身就是没有歧义地指定了名称，这样就又有一条理由认为名称有一种谓词所没有的完整性。维特根斯坦承认名称与谓词有这些差别，但他同时强调，从一个重要意义上说，名称像谓词一样需要补全——二者都需要安放在命题当中，而在这个意义上，一切表达式都是不完整的。

第二点是，既然某个表达式的逻辑形式是由它与其他表达式组合成命题的能力所给出的，那么，把表达式展现为命题变元，就能显示出表达式的逻辑形式。

第三点要等到 5.4733 才会明确提出，不过我觉得现在讲是最清楚的。这就是维特根斯坦的胡话（nonsense）观念。假定我们想解释"七是红色的"为什么是胡话。我们不应该说，它是句胡话的原因在于数不是那种能够有颜色的东西。我们应该说，我们在把"ξ 是红色的"这个谓词引入我们语言的时候，是把它当成取值范围不包括"七是红色的"这句话的命题变元引入的。因此，"七是红色的"虽然包含"红色"这个词，但"红色"这个词在此没有其熟知的意思，我们也未能赋予它什么别的意义。因此，"七是红色的"是胡话的唯一缘故是，其中含有的某些词语，我们未能为之赋予任何意义。

至于他在 3.316~3.317 讲的内容，我将留到考察 5.501 时再讨论，因为维特根斯坦在文本中把这两段安排于此，其实是会产生误导的。之所以会产生误导，不是因为维特根斯坦在 3.314 结尾的说法——每个变元均可视为命题变元——是错的，而是因为，在目前这个阶段,他只引入了一例特殊的命题变元,如此一来就会让人以为他是在提出一个荒谬的说法:每个变元均可视为那一例特殊的命题变元的实例。他在 3.316~3.317 从完全一般的层面解释了命题变元概念,但只有到了 5.501,那种完全一般性的命题变元概念才重要起来。

记号与符号

维特根斯坦一直以种种方式强调,只有把一个表达式同它在语言中的应用合起来考虑,这个表达式才是它所是的那个表达式。考虑到这点,他接下来引入了"记号"和"符号"的区分。所谓记号,就是表达式可感知的一面(3.32),例如写在纸上的字迹。所谓符号,则是把记号同它在语言中的逻辑-句法应用合起来看的记号。

这里第一个要点是,若把记号只当成记号而不当成符号来看,那么记号在自然语言中常常是有歧义的——同一记号可能是多个符号的记号,而且表面上有同类功能的一些记号,也许实际上各有颇为不同的功能。这两方面都很容易滋生哲学困惑。所以维特根斯坦提倡为语言建立一种逻辑上一览无余的记法(3.325),这种记法会用不同的记号来表示不同的符号,而功能不同的记号也没有易于混同的外观。

维特根斯坦在此提出的第二个要点,我们在本书"主题概述"一章的开头已经有所了解:我们若要确立一个记号的逻辑句法,绝不可诉诸记号的意谓,我们对所有规则的表述都要完全凭借对表达式的描述(3.33)。若诉诸记号的意谓,就颠倒了解释的次序:既然只有把记号同它的句法应用合起来考虑时,记号才有它所具有的意谓,那么我们制定出记号的使用规则以前,根本没有什么意谓可供诉诸。

这里最后一个要点,是要把我们的符号体系(symbolism)所具备的本质特征和偶然特征加以对比。我们的符号体系里显然有不少任意成分,乃至不同的命题记号有可能用来表达同一个命题。

66　　所以,为了穿透我们语言的偶然特征而直抵本质特征,我们会去考察具有同样职能的符号的集合:这些符号的共同之处,会显示出对我们的语言来讲本质性的东西。

逻辑空间中的诸位置

　　本节最后一部分与前文衔接得似乎不太自然。这一部分总体上讨论的是一个命题如何挑出逻辑空间中的一个位置。按最合乎当前上下文的逻辑空间概念来看,逻辑空间中的各个点,乃是世界可能会是的各种样子;这样一来,一个命题会切分出逻辑空间的一块区域,同时这个命题会说,该区域内世界的各种可能样子之一就是世界实际所是的样子。(不妨拿这个思路与一些更新近的思路作个比较,这些新近的思路把一个命题的意义解说成该命题在其中为真的诸可能世界的集合。两种解说的差别在于,维特根斯坦不是仅仅考虑诸世界的一个集合,他考虑的是每个"可能世界"都位于其中的一个有组织的流形[manifold]。)维特根斯坦在这里主要想说,一个命题对一块区域的如是规定,乃是预设了整个逻辑空间的存在的。若非如此,我们就无从理解,把一个命题与其他命题结合起来何以会划定出逻辑空间中的另一个区域。照此说来,命题 p、q、r 各自划定了逻辑空间的一个区域,命题$((p \ \& \ q) \ \lor \ r)$则借助已划定的区域再划定出一个区域(3.42)。

讨论话题

　　本节以及前一节都表明可以把语言分析到非常复杂的地步,那么这种想法本身究竟是否可信?

　　很多评论者假定,维特根斯坦在 3.23~3.24 说的"不确定性"

的意思是"模糊性",而我已申明,他的意思其实是"不确切性"。到底怎样理解是对的? 又有没有可能按模糊性来理解他的论证呢?

请自己展开说明"语境原则"的主旨和由它带来的后果。

第 4 节 "思想是有意义的命题"

讨论命题本性的这一节,从很多方面说都是全书的关键。我们所考察的思想有:命题之有真假可言;命题之为图画;("逻辑常元并不替代什么");意义与真;命题之为本质上复合的(所谓组合性);维特根斯坦与弗雷格关于真的分歧;理解之为知道成真条件;命题之显示其意义;形式概念;基本命题与非基本命题;命题之为基本命题的真值函数(真值表);重言式;语言的界限;命题的一般形式这一观念及对存在这种形式的论证。

第 4 节可以看作全书至关重要的一节。维特根斯坦在本节讨论了命题有何本性以及命题如何与实在相关联的问题,而这些问题从一开始就是他探究工作的核心。正是在这一节,维特根斯坦确立了全书的几个关键论点,例如命题是图画,以及命题有其一般形式。本书余下的部分,颇可视为本节思想的具体廓清。

面对"命题如何与实在相关联"的问题,维特根斯坦强调,命题与世界的关联方式同名称与世界的关联方式是有根本区别的。维特根斯坦在 1913 年《逻辑笔记》提出的一个想法,此后会主导他的思考:

> 弗雷格说"命题是名称";罗素说"命题对应于复合体"。这两种说法都是错的;尤其错误的是"命题是复合体的名称"这一表述。[1]

1　Wittgenstein, *Notebooks*, p. 97.

弗雷格假定命题有其指称，因此可以把命题看作（复合的）名称。接下来他主张，要想在指称的层面区分各种命题，没有什么能比用真值区分来得更精细：即是说，所有真命题都指称同一物［"真"（the True）］，所有假命题则指称另一物［"假"（the False）］。本节背后，维特根斯坦一直在与弗雷格进行着斗争，而斗争所针对的就是这一点。

在维特根斯坦看来，我们绝不可谈论命题的"指称"，因为谈论命题的"指称"就抹杀了命题与名称的根本区别。命题本质上是有真与假、对与错可言的，而且，唯凭其有真假可言，命题才能就世界做出有意义的断言。但要让命题能够为真或者为假（4.024），我们只有无须知道命题事实上为真就能理解命题才行。而这说明，命题与名称起作用的方式截然不同。要确立一个名称的意义，我们可以把它关联到世界上存在的某一要素，所以维特根斯坦在3.203把对象说成是名称的"意谓"。但是，命题表现它所表现的东西，并不依赖命题为真。所以命题要表现某一情形，就要独立于那一情形的实际存在去表现它。因此，我们想指定某一命题的意义，就不能像指定名称的意谓那样，把它直接关联到世界之中实际存在的什么东西上去。

于是本节必须回答的问题就是："假命题是何以可能的?"，其迫切之处在于："命题能指定不存在的情形，这是怎么做到的?"或者说"我们是怎样不依靠知道命题为真，而从命题中明白那能使之成真的情形的?"我们要探讨"命题图画论"，就要把这一理论理解为回答了上述这类问题，因为一个命题成功指定一个有可能不存在的情形，本质上正如一幅图画既能正确地也能不正确地表现一个情形。

接下来维特根斯坦宣称，思想是有意义的命题，话题由此就从思想转到了命题。本节讨论的开头处是一段插曲（4.002~4.0031）。这段插曲放在这里,是为了预先防备有人批评说,下文对语言的描述完全不像是审视我们语言的现象时能看出来的。这段插曲还涉及下述二者间的一种貌似严重的歧异:一边是维特根斯坦认为隐含在我们语言里的诸种结构,另一边是查看我们交谈中说出的命题时,这些命题显出的样子——毕竟这些命题不像是图画,也不像是基本命题的真值函数。维特根斯坦说"很显然,'aRb'这个形式的命题,我们一看就觉得它是幅图画"(4.012)的时候,你最先想到的很可能是,"很少有人是不爱任何人的"这个命题,并没有让我们一看就觉得它是幅图画。那么,维特根斯坦主张其存在的那些结构,难道只是嫁接到我们日常语言上的一部异想天开的神话吗?在此,要想找到维特根斯坦立场的真正理据,我们需要回想上一节对 3.262 的探讨。维特根斯坦所主张的结构,并不见于写出来的句子里,而是体现在对语言的应用上,比如体现在我们从我们的命题当中辨认出有效推理的能力上,又比如体现在我们具体地认出某个特定情形能使已说出的话成真的能力上(参见3.326)。

　　我们既然有这些能力,可见维特根斯坦所主张的语言中的诸种结构并不是"隐藏着的",这意思是说,这些结构并不注定超出我们的认知能力,而是我们默会地知晓的某种东西。这种默会之知展现在我们对语言的使用中,就好比我们认出和造出合乎语法的母语句子的能力展现了我们对母语语法有某种默会之知,即便我们觉得把语法中的各条规则准确表述出来是很难做到或根本做不到的。正是取这层意思,维特根斯坦才能在 5.556 故作惊人之语:但凡能理解命题的人,都会知道必定存在基本命题。按维特根斯坦的说法(4.002),他这是在认定有某种复杂的无意识处理过程,类似我们说话时发生的那种过程,它使得我们即便对自己怎样发出一个个音毫不知情,照样能说出话来。

69

这里特别要提到两点：一是维特根斯坦对哲学问题的诊断（4.003），二是 4.0031 提到的"罗素的功绩"。维特根斯坦在此引入了全书主题之一："哲学家们的大多数问题与命题，都是由于未能理解我们语言的逻辑而产生的"。在当前上下文中，他真正在宣称的是，我们之所以未能理解，原因在于我们语言的表层结构——其日常语法——与其深层逻辑结构之间的歧异。我们要以此来理解1913 年《逻辑笔记》的如下说法：

> 不信任语法是做哲学的第一要求。[1]

假如我们为我们的语言设计出了一种遵循逻辑句法的记法，那么在这种记法的限度内，哲学家的那些问题和命题，就连表述出来都不可能了（参见 3.325）。如此一来，那些问题就解决掉了，但不是靠回答问题，而是问题消失了（参见 6.5）。这样一种记法是为语言而设的一览无余的（perspicuous）记法，但这不是因为它比我们的日常说话方式更容易掌握——其实它会格外繁难——而是因为，这种记法会把我们所说的话的成真条件都明摆在表层上。

70   这里提到的"罗素的功绩"，几乎无疑是指罗素的限定性描述语理论（Theory of Definite Descriptions）[2]。在该理论中，罗素把"当今的法国国王是秃顶的"这类命题大致分析成这样，即"有一个当今的法国国王，且至多有一个当今的法国国王，且如果任何东西是一个当今的法国国王，那么它就是秃顶的"，而这一合取式的成真条件，罗素认为是与原命题相同的。在罗素和维特根斯坦看来，限定性描述语理论代表了一次突破，因为该理论给我们指出了这样一种方法，使得原命题尽管有主谓形式的外表，却可以不再被视为主谓形式的命题：于是无须假定"当今的法国国王"必定代表什

---

1   Wittgenstein, *Notebooks*, p. 106.
2   中文哲学文献中通常译作"限定摹状词理论"。——译者注

么东西,也能给这个命题的意义提供完整的说明了。该理论还对罗素和维特根斯坦进一步指出,无须假定命题的表面语法结构是其逻辑结构的真正指南。但必须提到的是,罗素和维特根斯坦所愿意赞同的命题的表面形式与真实形式之间的歧异,还远比上述例句更出人意料。

命题之为图画

本节的主旨在 4.01——命题是实在的图画。这一点从 4.02 开始会予以论证。不过在 4.01 与 4.02 之间,维特根斯坦又强调说,他用"图画"一词是取其最广义,以至于他把我们平时不认为是图画的一些东西也算作图画——比如说把某份乐谱算作一首交响曲的图画。但维特根斯坦争辩说,这样做不是在扩展"图画"一词的含义,而如果反思一下我们平常用"图画"一词指什么,那么这些东西倒必须算作图画。他所谈的"图画",当然包括高度写实的错视画 (trompel l' oeil),但我们也可以一步步背离写实却还是在谈图画:比如说,一片风景里的种种色彩可以用不同的明暗调子来表现,而中世纪绘画表现国王高位的办法,可以是把国王画得比其他人物大一号。一幅图画最根本的是要有这样一套投影规则,一套能让我们从图画中得出所描绘的情形的规则(4.0141)。此后我们会看到(4.04~4.0411),这样一套规则的存在,蕴含了我们早在2.16遇到过的一点:图画与所描绘者共有一种逻辑形式。在维特根斯坦看来,两事物之间只要有这一种相似性,就可以谈论一事物图示另一事物。

71

接下来,对于命题之为图画,维特根斯坦做出了简单明了的论证。当我们听到一个此前也许从未遇到过的命题时,只要它用的是我们能懂的语言,那么一般无须做什么解释,我们就能理解该命题的意思(4.02)。而我们理解到的东西里,最关键的是知道实际情况必须怎样该命题才能成真;更有甚者,我们无须知道这个命题是否为真,也能理解这个命题(4.024)。这就意味着,该命题的记号必须足以向我们指定出能使命题成真的情形:也就是指出,如果该命题为真,事情是怎样的(4.022)。而这一点要想实现,只有该命题记号对我们体现出了这样一套规则才行,即一套能让我们从命题记号中得出那一情形的规则。而这一点,结合我们上文讲的内容,就相当于说该命题是那一情形的图画(4.021)。这又带我们走向另一思想:语言必须具有组合性。

组合性

4.03 一个命题必须以旧词语传达一个新意义。

对一门语言来讲,如果命题的意义是命题所包含词语连同这些词语之组合方式的函数,那么这门语言就是组合性的。弗雷格强调过这一思想,他像维特根斯坦一样主张,有必要把我们的语言视为组合性的,这样才能解释我们理解新命题的能力:我们能理解一个我们不熟悉的命题,是因为它所包含的是我们熟悉的片段,并且这些片段是按我们熟悉的形式拼装起来的。但维特根斯坦除了宣称组合性是语言表达新思想所必需的条件,还宣称,唯有组合性的语言能表达可真可假的命题。这是因为,要让命题是可真可假的,命题必须独立于其为真而有意义:无论命题是否为真,无论我们是否知道它为真,我们理解它的方式是完全不变的。因此,命题即使为假也必须有意义,从而命题必须能够指定出能使命题成真的情形,即使那一情形并不存在。我们为不存在的情形建立的模型,取材于替代了实际存在的对象的元素(参见 4.031):于是命题就被看作由替代了对象的名称所组成的模型,而命题所意指的东西——会使命题成真的情形——则由名称的意谓以及这些名称的排列方式来确定。正是这样,假命题才成为可能,而能够用来说出可真可假的句子的一门语言,也才随之成为可能。

这种解释用在没有逻辑复合性的简单命题上,似乎很行得通,但对于我们时刻在用的逻辑上复合的命题,比如"没有什么人是不爱任何人的",又该怎么说呢?遇上这样的例子,我们到此为止做出的说明似乎帮不上忙了。

"我的根本思想"

接下来,维特根斯坦引入了他称为其"根本思想"的论点:"逻辑常元并不替代什么"(4.0312)。我这里译成"替代"(stand in for)一词的是维特根斯坦用的 vertreten 一词,这个词一般就是用在警察重构犯罪现场一类场合的,比如一位女警察替代受害者,一位男警察替代袭击她的人。能很快理解 4.0312 第一句的一个办法是考虑一个简单的关系命题,比如"约翰爱玛丽"。我们可以这样来把它看作指定了约翰爱玛丽的情形,即把"约翰爱玛丽"这句话当作一个简单的模型,当作对约翰爱玛丽这一情形的一次重构。在重构当中,"约翰"替代了约翰,"玛丽"替代了玛丽,而约翰爱玛丽这一情形,则从这两个名字被置于某种关系这一事实(这两个名字位于"爱"这个字的左右两边)得以表现。维特根斯坦主张,正是以这种方式,命题记号指定了约翰爱玛丽的情形,从而使我们能够从命题记号看出所宣称的是什么。

然而,上述说明方式看上去只能说明简单的关系命题或者说主谓命题,而且有些评论者声称,维特根斯坦的"命题图画论"本来就仅仅意在适用于一切命题里最简单的情况,即"基本命题"(见下文 4.21)。但很明确的一点是,维特根斯坦对命题之为图画的论证是完全一般性的,适用于具有任意逻辑复合性的命题。假如把命题图画论限制于基本命题的范围,就会错失维特根斯坦思想中的一个尽管难懂但又很关键的要素,这要从他称为其"根本思想"的

73 观点讲起。为此,我们需要回想起第 1 节评论 1.2 时所做的探讨。如果考虑一个逻辑上复合的(即用到一个或多个"逻辑常元"——"且"、"非"、"有些"、"所有"这类词的)命题,那么这样一个命题,我们说过,从不会无所连带地为真,它如果为真,总是有赖于逻辑上简单的诸命题的某一组合之为真。照此说来,"约翰爱玛丽或者约翰爱凯特"如果为真,要么是有赖于"约翰爱玛丽"为真,要么就是有赖于"约翰爱凯特"为真。但这表明,此前我们对命题如何图示情形的说明似乎不再合适了。若依其原样,此前的说明就只有这样才能合适,即我们要认为可以有约翰-爱-玛丽-或-凯特这样一个"析取事实":于是这样一个事实会把析取当作一个要素包含在其中,"或"字则替代这个要素。可常识就足以告诉我们那是错误的说法:逻辑常元并不替代什么。所以,要想让命题图画论普遍适用,而不是仅限于对简单的基本命题适用,那么对于逻辑装置如何让命题起图画作用这个问题,我们就得做出一种完全不同的说明。

维特根斯坦对这一问题的回答是,命题的逻辑复合性必定镜映着所表现情形的逻辑复合性——命题必定具有与它所表现的情形"相同的逻辑复多性"。这一思想不太容易看得清楚,所以我们一开始会先讲这个短语的解释里最简单的一部分,然后再讨论一个更复杂的想法:命题与所表现的情形具有相同的逻辑复多性这一理念,是否可能用于包含逻辑常元的命题。

逻辑复多性

在 4.04,维特根斯坦把他在 2.16 对一般而言的图画引入的一个思想,用在了命题这一特定情况:这一思想就是,一幅图画与它所描绘的情形必定有某种共同的东西,这样,图画才可能对那个情形有所表现,且不论表现得正确还是不正确。维特根斯坦在前文谈的是"描绘"形式和"逻辑"形式,但现在他改用另一个短语:"逻

辑复多性"。为了看出其要点当中最简单的一层,我们不妨考虑
4.04的措辞最直接地提示到的一种情况:假定我想表现两个对象有
某种关系——表现两个人在打架的情形。要做这种表现,我可以
画一幅写实画,这会是一幅与所表现的情形有一系列共同特征的
画。这些共同特征里,有很多对这幅画来说并不是本质性的,而且
我可以改用非写实的表现手段,其中包括说出了这两个人在打架
的命题。在这样的非写实表现手段中,那些共同特征有很多会消
失,不过如果图画要对所要求的情形有所表现,有一系列特征还是
必须保留的。尤其是,因为情形涉及两个人,所以表现中必须有两
个要素——每个要素各代表其中一人——而既然这一情形是两个
人有某种关系的情形,两个要素也就必须有一种相应的关系。就
命题而言,其要素就是二人的名字,这两个名字之形成关系,则是
凭二者在"A 和 B 在打架"这句话里的相对位置。

　　但维特根斯坦的逻辑复多性观念,远不止于这样统计一下要
素的数目:举例来说,可以考虑一条"时间线"如何表现一系列事件
的发生顺序:在此,时间关系是由纸上或无论什么上的空间关系表
现出来的。之所以能这样来表现,完全是因为页面上的线条和时
间序列有相同的基本拓扑结构:我们把一个条目放在另外两个条
目之间,能表现一件事发生于另外两件事之间。因此,之所以能这
样来表现,完全是因为我们既明白线条上的之间,也明白时间序列
上的之间,而且表现者与被表现者共有这一要素,这点是无论采取
什么表现风格都必须保留的。

　　然而 4.0411 又表明,维特根斯坦所追索的,是一个比上述想法
更加艰深的想法——命题与命题所表现的情形共有同样的逻辑复
多性这个想法,有待于扩展成一种对逻辑常元如何发挥作用的理
解。维特根斯坦在 4.0411 阐述了量化记法如何必须有某些特征才
足以表达概括性。解读 4.0411 的时候,我们要记住,这条论述的本

意,是要阐明概括命题如何必须与它所表现的情形有相同的逻辑
复多性。我们在此要回忆起维特根斯坦说的"情形"(Sachlage)是
什么意思:情形在于"事态的存在与不存在"。为当前目的起见,我
们不妨假定[汤姆在房间里]、[迪克在房间里]、[哈利在房间里]
等,在第2节开头所述的意义上都是简单事态。那么这些事态可
以直接明了地由如下一些简单("基本")命题建立模型,如"汤姆
在房间里"、"迪克在房间里"、"哈利在房间里"等。假定我们再考
虑[有一个人在房间里]和[如果汤姆在房间里,则迪克不在房间
里]这两个情形。前一个情形存在,当且仅当那些简单事态里有一
个存在,而后一个情形存在,当且仅当([汤姆在房间里]不存在或
[迪克在房间里]不存在)。即是说,这两个情形是否存在,取决于
哪个事态组合存在。而用语言来表现这样一个情形的办法,是说
出这样一个命题,一个表明了诸基本命题的哪种真假值组合能使
该情形为真的命题。而逻辑装置的功能,在于正好挑出基本命题
真假值的这样一些正确组合,这些组合可使命题为真,并且正好与
背后的诸事态存在与否的正确组合相镜映。现在的任务是构建一
种记法来把这一点显明——把命题的逻辑复合性反映着所表现情
形的逻辑复合性这一点,展现到外表上(参见5.475)。若采用这种
记法,命题记号就会显示出命题与命题所表现的情形有何共同
之处。

哲学之为活动

命题4.1相当于总结了我们目前为止取得的认识,紧接着,针
对这一认识如何牵涉哲学本性的问题,维特根斯坦插入了一段反
思。这段反思开始于4.11,维特根斯坦在此把真命题的总和等同
于自然科学的领域。整本书里,能够支持我们把《逻辑哲学论》视
为率先提出逻辑实证主义的段落是极少的,4.11正是其中之一。

然而,提出逻辑实证主义并非 4.11 在当前上下文中的目的,而且与
实证主义者不同,维特根斯坦的本意绝不在于把一项认识论标准
引入他对意义的说明中:这会与我们至此考察过的一切完全相悖。 76
维特根斯坦真正想说的是,如果命题表现事态的存在和不存在,那
么为了发现命题是否为真,我们必须拿它与实在做比较,弄清相关
的事态是否存在。可这是经验探究的职责:换言之,是自然科学的
职责(这里对自然科学作很宽泛的理解,足以囊括我们在日常环境
里的所见所闻)。因此,哲学若不是各门自然科学里的一门
(4.111),哲学的职责就绝不可能在于提出命题(4.112)。这样一
来,留给哲学去完成的任务,不是通过发现新的真相来增加人类知
识,而是澄清我们已知的东西,消除那些一开始催生出哲学问题的
误解。由此,维特根斯坦终生未改地拉开了他与那样一些人的距
离,那些人认为某些特定的科学发现,如达尔文的自然选择演化理
论(4.112),与哲学是能搭上关系的。

这是否意味着,他的哲学观完全是消极的,认为哲学只不过是
负责消除混乱呢?对这个问题的充分探讨,我们留到第 7 节进行,
不过眼下我们先简单指出,他的哲学观看起来不完全是消极的,因
为这段讨论最后还说道:

> 4.115 哲学将通过把可说的东西展现清楚,来指示
> (bedeuten)那不可说的。

由此他开始讨论那"不可说的"。

显示与言说

我们在 4.12 回到全书主题之一:命题为了对实在有所表现而
必须与实在共有的逻辑形式,无法在语言之内得到表现,而是由语
言的工作方式体现出来或者说显示出来。无论语言就实在说点什

么,它都必须与实在共享一种同样的形式;但正因为这个,语言预设了实在有那种形式,却无法把这点说出来:

> 4.12 ……为了能表现逻辑形式,我们必须能把自己与命题一同摆在逻辑之外,亦即世界之外。

> 4.1212 可显示的东西是不可说的。

77　由此,话题自然引向了对他所谓的对象和事态的"形式"属性的探讨,这种属性亦称"内在"属性:这是一些无法设想某个对象或事态会不具备的属性(4.123)。如果某一属性是某个对象的内在属性,那么,想到那个对象就是把它想成具有那一属性。(你既可以把苏格拉底想成是有智慧的,也可以把他想成是没有智慧的,但凭想到苏格拉底这一行为本身,就是把苏格拉底想成一个人了。)就维特根斯坦予以首要关注的简单对象而言,一个对象的内在属性,是它与其他对象适当地结合成事态的可能性(见2.0121)。对象具备这种内在属性或曰形式属性,从而是一种典型的可显示但不可说的东西:显示出但不说出一个对象有某种形式属性的,是对象的名称可以在其中有意义地出现的命题系列。这样,对象的形式属性就由我们对于对象名称的使用所显示。

形式概念

由上述观点出发,维特根斯坦在4.126引入了形式概念与真正的概念之间的区分。

不妨假设我们要基于逻辑来构想一种范畴理论,或者说,构想一种逻辑上有别的种种实体的理论——这种种实体在弗雷格那里是函数和对象,在维特根斯坦那里是对象、事态、数,等等——该理论中,标志着各类实体在逻辑上有别的东西,是种种实体的记号能有意义地在其中出现的命题系列。这时候,维特根斯坦坚持主张,无论表面上显得怎样，我们用来指示这些不同范畴的词——如"对象"——其实起不到指示真正的概念的作用，倘若把那些词当作能起这种作用来看待，我们则会陷入严重的哲学困境。

考虑一下包含形式概念词的概括命题，这点就可以看得很清楚了。我们仿佛能够说："既然从'有几本书在桌面上'可以推出'有几本书'，那么凭借推理形式的等价性，从'有一些对象是 F'就可以推出'有一些对象'。"维特根斯坦则坚持主张，"有几本书是 F"的逻辑形式不同于"有一些对象是 F"，若采用正确的逻辑记法，两个命题会有明显不同的转写形式。说"有一些对象（物）"有意义，是误解了"对象"一词起的作用，说明我们在此被"有一些对象是 F"这类句子的表层语法误导了。尽管"有一些对象是 F"完全说得通，"有一些对象"却纯属胡话。"有几本书在桌面上"用量词记法会转写成"$(\exists x)(Bx \ \& \ Tx)$"，但"有一些对象是 F"不是转写成"$(\exists x)(Ox \ \& \ Fx)$"，仅仅是转写成"$(\exists x)(Fx)$"而已。

只有当"对象"一词指示真正的概念而非形式概念时，"$(\exists x)(Ox \ \& \ Fx)$"这种转写法才合适。"对象"一词作为形式概念词，其功能是指定施加量化的论域——"$(\exists x)(Fx)$"应读作"有个什么是 F（Something is F）"而非"某个东西是 F（Some thing is F）"[1]。只有当我们想要把量化施加在一个比对象域更广的论域上时，把"有一些对象是 F"转写为"$(\exists x)(Ox \ \& \ Fx)$"才有意义，但如果"对象"所指示的是个形式概念，则不可能有什么更广的论域。我们可以说，由"对象"这类词所指示的形式概念，无非是"无论什么（everything）"和"有个什么（something）"的客观对应项（objective correlative）。这就是维特根斯坦说"形式概念的表达式因此就是一

78

---

[1] "没有什么是 F"（Nothing is F）若读作"没有东西是 F"（No thing is F），就会等同于一个荒谬的说法，即"无论什么（或'无论哪个东西'）是 F，它都不是一个东西"。

个命题变元"的要点所在。但如果"有一些对象是 F"的正确转写形式仅仅是"(∃x) (Fx)"而已,那么"有一些对象"本身就无法予以转写,而从"有几本书在这桌子上"推出"有几本书",与从"有一些对象是 F"推出"有一些对象",这两种推论在表面上的类似也就由此被揭穿为假象。

　　因而,维特根斯坦会得出结论说,"存在着对象"根本就是胡话,而我们用"存在着对象"这种说法想要表达的东西,是某种无法说出的东西,这种东西是由对象的专名和以对象为值的变元在语言中所起的作用显示出来的;而我们用"至少存在两个对象"的说法想表达的东西,是由语言中至少有两个名称这点显示出来的,如此等等。

　　接下来,维特根斯坦会进而宣称有一种"命题的基本形式",其入手点则是引入"基本命题"这一概念。

　　基本命题

　　上文讨论到 4.04~4.0411 的时候,我们提出,维特根斯坦想要把逻辑上复合的命题解释为图画,解释的方式是表明这些命题是由逻辑上简单的命题建构而成的。现在到了 4.21,维特根斯坦引入了"基本命题"的概念(不过引入得有点迟)来标称这类简单命题,而这类命题我们已在必要之处提到过。首先,我们可以把这类命题刻画为不含逻辑复合性的命题,无须用到逻辑常元就能加以表述。维特根斯坦为自己制订的计划,是把一个逻辑上复合的命题的意义,解释为该命题与一组逻辑上简单的命题之间的关系。然而我们已经了解到,在维特根斯坦看来,命题的表层逻辑形式无法绝对可靠地透露其真实形式。如此说来,一个命题即使看起来没有逻辑复合性,也无法保证我们在分析过后,仍不会发现有隐藏的逻辑复合性。而如果表面上的语法简单性并不担保真正的逻辑简单性,我们就需要另有一项标准来判定,什么是真正的基本命题,什么不是。罗素面临同样问题时,在他那一版本的"逻辑原子论"中,对此问题采取了一项认识论标准:基本命题(或按罗素的叫法,"原子命题")是由我亲知实体的名称所构成的命题,而我亲知的实体是笛卡尔式怀疑所波及不到的。维特根斯坦对此并不赞同,他认为这种回答的思路错了[1]。真正需要的不是认识论上的回答,而是合乎我们为命题意义进行奠基的如下做法的回答,这种做法就是从成真条件的角度,把命题的意义奠基于一组与世界上实际发生之事的确切而实质的细节直接相接合的命题,从而解释了命题怎样凭世界是什么样而为真或为假。因此他提议,一个基本命题的正面标志,在于这类命题应当有完全确定的意义,换言之,这类命题应该是全然确切的,恰好表现一个确切的事态。(见上文对3.23~3.24的讨论。)这样一来,原来的计划就转变为如下计划:通过解释任一命题如何关联于如此设想的基本命题组,来解释这个命题的意义。

真值表

鉴于上文所言,由于理解一个命题,就在于知道如果它为真则实际情况如何,又由于直接与世界相接合的是基本命题,使得正是基本命题的真假赋予其他所有命题以真假,因此我们的任务就是以适当形式表现任一命题,以显示出基本命题的哪种真假组合能使它成真。因此,维特根斯坦先是在 4.31 中拟出一种很易于理解的格式,用来列明 n 个基本命题的真值可能性。这样一来,至少在数量有限的情况下,若要表达任一命题的成真条件,我们只需标出

1　详见他 1913 年末写给罗素的信(《笔记》,第 129 页):"……你那描述语理论的正确性是完全**无疑问的**,尽管单个的初始记号并不同于你对它们会是什么的设想。"

那些真值可能性之中,哪些使所给命题成真,哪些使其成假就行了。

话题由此直接引向了维特根斯坦发明的真值表,该表如 4.442 所示(其中的例子代表的是"$p \supset q$"这一命题)。埃米尔·普斯特也独立发明了真值表,但他是把真值表当成一种简便技巧,用来判定命题逻辑中任一公式的真值。(一条公式是逻辑真理,当且仅当主列中所有位置都是 T。)后来有人问维特根斯坦是谁先发明了真值表,维特根斯坦说他对此并不在意,因为在他看来,他所发现的不是真值表本身,而是如何能用它来为语言提供一种一览无余的记法:这想法无非是说,可以用"$p \& q$"的真值表来代替"$p \& q$"——对此,他在 4.442 中予以示例:

> 4.442 依此,例如
>
> "
>
> | p | q | |
> |---|---|---|
> | T | T | T |
> | F | T | T |
> | T | F | |
> | F | F | T |
>
> "
>
> 就是一个命题记号。

维特根斯坦还指出,本表可以缩写成"(TT-T)(p, q)"或者"(TTFT)(p, q)"。假如它真能充当一种普适的记法来展示任一命题的成真条件,该书下一节的篇幅就会大大缩短了。因为那样的话,给出命题的一般形式所需要的,就无非是设计一个简单而机械的手段,来为给定的 n 个基本命题生成总共 2^n 行的 T/F 矩阵,从中就给出了每个可能的命题。然而,真值表记法只在基本命题数量有限的情况下才可用。因此,等到维特根斯坦要来为命题一般形式作最终说明的时候,如果他想为存在无穷多个基本命题的可能性留出余地,就必须把这真值表记法升级为功能更强大的 N 算子记法,这一记法将在 5.502 引入。就目前情况来说，我们手头这种记法，与能表达命题一般形式的记法相比，充其量也只是一种初步的近似。

重言式与矛盾式

真值表记法产生出两种极限情况或称退化情况，这是维特根斯坦对逻辑真理的说明的关键所在。有一种情况是，当一个命题用缩略式的真值表记法来刻画时，基本命题清单前面的矩阵里列出的真值无一例外是 T，还有一种情况是，这些真值无一例外是 F（即"重言式"与"矛盾式"）。由于维特根斯坦对逻辑真的完整说明会在 6.1~6.11 给出，这里我们就只简单提一下维特根斯坦在此想说的几点。（我们不妨只关注重言式，因为我们就重言式所说的内容只要加以适当变换，同样适用于矛盾式。）第一，很显然，重言式无条件地为真——这点从真值表记法的工作机制即可推出。第二，重言式"没说出什么"（"如果我知道的是，现在或者在下雨或者不在下雨，那么我对天气是一无所知的"[4.461]），所以维特根斯坦把这些命题称为"欠缺意义的"。但第三，重言式并不是胡话[unsinnig]，而仍是符号体系的组成部分（4.4611[1]）。

要弄清"欠缺意义"与"胡话"的对照，可以考虑这样一点：符号体系的工作机制允许我们对一个重言式和一个有意义命题作合取，合取的结果是一个有意义的命题，该命题所说的和原命题一样（"*p* & taut"="*p*"），而把一句胡话和一个有意义的命题作合取，就得不出有意义的命题，只会得出胡话。

最后，由于重言式"对实在的诸表现关系互相抵消"，因此"它们不是实在的图画"。说重言式不是图画，仿佛是威胁到了它们的命题地位，但对于重言式是不是图画的问题，我们取哪种说法是有

1　原书作 4.4461，现予以更正。——译者注

选择余地的。我们可以把这比作一位画家绘制了这样一系列肖像画，其中每幅画像所表现的被画者的细部特征，都比前一幅画像来得少，直到这样一幅"极简"画像，完全没有任何细节，其实就是一幅空白画布。你自然会说空白画布不是画像，但也可以说它是画像的极限情况，是由画家采取的表现手段所容许的极限。

命题的一般形式

维特根斯坦在本节结尾指出，他已经为下一节的话题，即对命题一般形式的描述，打好了基础。他还在 4.5 简要提示了对这一形式必定存在的论证：命题有其一般形式，这蕴含在不可能有无法预见其形式的命题这一点之中。

梳理这个论证之前，关于这一段还有两点要提。第一点是，维特根斯坦确实论证了有命题的一般形式这种东西，而不止于假定有这种东西。这之所以值得一讲，是因为维特根斯坦《哲学研究》对他早期立场的刻画极易误导读者。维特根斯坦把"命题"一词比作"游戏"的时候说：

> 不要说"它们一定有某种共同之处"，否则它们不会都叫作"游戏"——而要看看所有这些究竟有没有共同之处。[1]

他写《逻辑哲学论》的时候，并没有像他后来暗示的那样，只是想当然地以为命题必定有种一般形式。第二点是，4.5 的最后一句，若看作在陈述维特根斯坦争取抵达的目标，那么这看起来惊人地乏味，甚至冒着傻气，而按通常方式把它翻译出来也会是这样。也许我们应该把握住 sich verhälten 在英译文里损失了的弦外之音，将这句话译成："这就是诸物安排成的样子"，言下之意是，如果我们有了命题的一般形式，那么对于任何命题，这种形式都能表明世界上

---

1   Wittgenstein, *Philosophical Investigations*, §66.

的诸物必须如何安排才能使命题成真。

为了点明论证的要义所在,不妨回想我之前刻画组合性时给出的非形式的说法:"我们能理解一个我们不熟悉的命题,是因为它所包含的是我们熟悉的片段,这些片段也是按我们熟悉的形式拼装起来的"。如果这一说法真有适用之处,那么必定要存在一种"熟悉的形式",一种句子的片段依其拼装起来的形式:这一点用维特根斯坦的话说,就是"不可能有无法预见(亦即无法构造)其形式的命题"。

如果我们无需别人解释就能理解一个全新的命题,再者,如果这样一个命题之有意义,独立于其为真,独立于世界上实情如何,那么这个命题的意义必定得自它在语言系统中的地位。维特根斯坦用"命题的一般形式"所指的就是这样一个系统的一般形式:这个系统是每个可能的命题都将从中生成的系统。

最后,在 4.51 中,维特根斯坦具体说明了确定命题的一般形式如何能达到他的一个主要目标:设定语言的界限:命题的一般形式将显示出一个命题怎样由所有基本命题的集合构造出来。任何无法这样生成的东西,则会由此显示为处于界限之外,因而就是胡话。

讨论话题

在你看来,维特根斯坦对命题是图画这一点的论证有多强?

对维特根斯坦所略述的命题有其一般形式的论证,请独自想办法把它具体展开。

第 5 节 "命题是诸基本命题的真值函数"

维特根斯坦在 4.5 主张,必定有"命题的一般形式"这样一种东西:我们可以把语言呈现为一个单一的系统,这一系统可以把每个命题都生成出来。这一节，为落实上述设想，维特根斯坦想办法拟出这样一个系统的基本结构，并廓清其逻辑观的技术性细节。从根本上说，《逻辑哲学论》里的形式逻辑是格外简单的，而我对本节的讲述，也不会预设读者此前详细了解过形式逻辑。真值函数；一切逻辑之为真值函数性质的；运算与函数；为什么只有一个逻辑常元；N 算子；概括性；同一性；唯我论与实在论。

命题 5 相当于是全书最基本的主张。由前文讲过的内容可见，对命题 5 的论证格外简单，本书这一节的目的则在于表明，怎样才可能归结到真值函数来说明语言中所有的命题。不过我们必须先解释一下，说一个命题是另一个命题集的"真值函数"是什么意思。

如果确定命题集$\{p,\ q,\ r,\ \cdots\}$的真值足以确定命题 P 的真值，我们就说命题 P 是命题集$\{p,\ q,\ r,\ \cdots\}$的一个真值函数。而如果我们又认为命题意义要完全归结到命题的成真条件而给出，则可以说，P 是某一命题集$\{p,\ q,\ r,\ \cdots\}$的一个真值函数，当且仅当 P 的意义可以通过指定命题 p，q，r，$\cdots$的哪些真值组合使 P 成真而得到完整的说明。依此，"$p\ \&\ q$"是 p 和 q 的真值函数，因为如果 p 和 q 都为真，那么"$p\ \&\ q$"为真，否则"$p\ \&\ q$"为假；"并非 p"（"$\sim p$"）是 p 的真值函数，"$\sim p$"为真当且仅当 p 为假。我们可以把这种真值函数关系看成是给出了对"$p\ \&\ q$"、"$\sim p$"的意义的完整解释，而"$\&$"和"$\sim$"叫作真值函数联结词。"因为"则是非真值函数联结词，这是由于，虽然 p 和 q 都为真是"p，因为 q"为真所必需的，但 p 和 q 都为真并不保证"p，因为 q"会为真。

对真值函数这个简单的概念，我们还有一点解释要做，以便弄清维特根斯坦把它派上的用场。按通常的解说，"命题逻辑"或曰"真值函数逻辑"所研究的，是把有限个命题连成新命题的真值函数联结词（例如"$\&$"把两个命题连成又一个命题），而对于《逻辑哲学论》第 5 节前面部分的很多内容,一般采取的解说方式,真正说来也只适用于基本命题个数有限的情况。然而,如我们刚才所解说的真值函数概念中,并没有什么东西将其适用范围限制在了这种有限情况,而且我们也没有理由去排除某个命题是某组无穷多个命题的真值函数的情况。而如果我们希望容许有无穷多个基本命题的可能,一如维特根斯坦所明显希望的,那么,若想保留每个命题都是诸基本命题的真值函数这一论点,我们就只有把这种无穷的真值函数承认下来才行。而且随本节向下进展,维特根斯坦的确会在目的所需之处引入"N 算子"来充当他最根本的联结词,因为在这些地方,需要它完成的任务是充当一个无穷算子,要能够用在一组无论个数有限还是无穷的命题上。

85

然而,《逻辑哲学论》这节前面部分中有几条论述显示,维特根斯坦没有领会有限情况与无穷情况的根本不同。这使许多评论者断定,本节对逻辑的说明有无法弥补的瑕疵。但事实上,虽然本节前面部分有些说法是错的,却不难对他的说法做些修补,从而形成逻辑与命题的一幅很站得住脚的整体图画。维特根斯坦忽视有限与无穷之差别的最严重后果,并不在本节出现,而是在 6.122 出现,到那时我会进一步探讨。眼下我只会先顺带提几点,尤其是在 5.1s,因为维特根斯坦在 5.1s 的说法只对有限情况成立。而维特根斯坦这份说明的真正趣味在本节后面部分的阐述当中,那一段阐述确实有相当一般的适用性,并不限于有限情况,而那一部分我会着重于讲 5.5s。

对命题 5 的论证,真正说来就是前文诸条线索的拢集,而每个命题都是诸基本命题的真值函数这一主张,可以直接从本书开篇各段以来的所有阐述,连同 4.21 对何谓基本命题的解说中推导出来。世界已被解说为事实的总和,而其中的事实在于事态的存在和非存在。基本命题是表现这些事态的命题,并且是按照基本命题和事态有种一对一关系的方式来表现：每个事态对应一个为该事态建模的基本命题，而每个基本命题正好表现一个事态。这样一来，我们如果知道每个基本命题的真值，就确切地知道了哪些事态存在，哪些不存在。而这样我们就知道了一切实际情况，从而无论要确定哪个有意义命题的真值，我们都掌握了所需的一切信息：任何貌似命题的东西，其真值若不能靠确定基本命题的真值来判定，那么它对世界的样子就无法做出应答（参见 4.26）。而这样说就相当于说，每个命题都是诸基本命题的真值函数。

于是，本节的任务在于设计出这样一种记法，以便我们把任一命题真正作为基本命题的真值函数来表示。如此就为语言提供了一种一览无余的记法，这种一览无余在于，某种原本掩藏在我们日常自我表达方式里的东西——我们所作断言的成真条件——将能从命题记号本身直接读出来。

概　率

我们不必为 5.1s 耽搁太久。很难看出，维特根斯坦为什么把这么多篇幅用在一个必须算作相对次要的问题上：诚然，任何一份对语言的完整说明，都至少要提示到表达概率的命题在其中会作何处理，但这还是解释不了为什么维特根斯坦对概率命题用去的篇幅，比诸如所有数学哲学方面的讨论（6.2～6.241）还要长。下面我会略述他对概率的说明的实质内容，以及它所遇到的难处。

该说明大体如下：假定我们把一个命题表达成诸基本命题的真值函数。那么，就会存在诸基本命题的某些真假值组合使该命题成真：不妨把这样一个组合称为该命题的一个"成真根据"（truth ground）（5.101）。假定我们再考虑命题"p"和命题"q"。那么如果我们用"$p \,\&\, q$"的成真根据个数，除以"q"的成真根据个数，就得出了在给定"q"为真时，"p"为真的相对概率。

关于该说明,似乎有两点值得提到:

1.这种说明方式必须做一未加论证的假定,即任一基本命题为
真和为假的似然度相等。

2.基本命题如果有无穷多个,这种说明方式就会完全失效。

运算与函数

在 5.2s,维特根斯坦对"函数"和"运算"作了一个根本的区分。
首先,若想弄懂下面的内容,有一个术语上的要点应该被牢记,因
为大多数的数学函数在维特根斯坦所取的意义上并不算作函数,
而是归为运算,并且有些混乱的是,维特根斯坦保留了"真值函数"
这一传统用语,尽管真值函数在他看来是最重要的一类运算。为
了弄清维特根斯坦《逻辑哲学论》这部分的说法的含义,我们要把
他说的"函数",当成特指一类函数,即命题函数:亦即以名称为自
变元,以命题记号为值的函数。照此说来,"ξ 有智慧"这一函数,就
是当自变元取"苏格拉底"时,函数值取"苏格拉底有智慧"的函数。
而运算,至少依照维特根斯坦的主要用法,是用在一个命题上以产
生另一个命题的(例如:"并非 a"用在一个命题上,会产生该命题
的否定)。维特根斯坦 5.2s 的基本要点即是坚持这样一点:若按我
们刚才那样来解说函数与运算的概念,则二者起作用的方式完全
不同。

维特根斯坦对函数与运算作了如下对比:函数不可迭代,而运
算可以迭代。从非形式的角度,我们会认为这意味着"苏格拉底有
智慧有智慧"(把"ξ 有智慧"应用在该函数的一个值——"苏格拉
底有智慧")是胡话,而"并非并非 a"是十足有意义的。但维特根
斯坦想主张的是更为根本的一点。这里我们需要回想起命题记号
不是复合物,而是事实(3.14)。因而,命题函数是以名称为自变
元,以事实为值的函数——这些事实即是有关那些名称的事实。

而这意味着,事实根本不是那种能作为自变元代入命题函数中的东西。所以关键不在于硬要迭代命题函数会产生"苏格拉底有智慧有智慧"这样的胡话,而在于,就连谈论这样迭代的打算都毫无意义。而运算的自变元是一个命题,运算的值是另一个命题,从而运算的迭代不存在障碍。

真值运算

　　接下来所谓的"真值运算"(5.3)并不难懂。真值运算是这样一种运算,当它应用到某一命题集的一个真值函数上时,会产生出原命题集的另一个真值函数。如果采用4.442的记法,把"$p \& q$"写成(TFFF)(p, q),那么,我们把否定作为一次真值运算应用在这个命题上,就得到(FTTT)(p, q):我们把 T 统统调换成 F,把 F 统统调换成 T,而"p"和"q"保持不变。一般而言,应用一次真值运算的结果,无非是把某些 F 改成 T,把某些 T 改成 F。连续数次对一个命题集应用真值运算,得到的结果就总会是原命题集的一个真值函数。那么,5.3的主张就无非是说,我们可以通过对诸基本命题连续应用真值运算(5.32),来构造基本命题集的每一个真值函数,也就是每一个命题。我们将在5.5看到维特根斯坦想如何实施这一主张。

"逻辑中唯一的一般性初始记号"

　　维特根斯坦想要发现这样一种记法,即一种能让我们看出一个命题怎样由诸基本命题经过有限次真值运算而生成的记法。但他也想只用一个初始记号——他在 5.502 引入的 N 算子(参见5.47)——就做成这件事。为什么他不想学弗雷格和罗素的做法,往他的逻辑里引入多个不同的初始记号呢? 这是因为,维特根斯坦想要对整个逻辑做出单独一份性质齐一的(homogeneous)说明。

假设你像弗雷格和罗素那样,往你的逻辑里引入一系列相互异类的初始记号——类似于"如果……那么……"、"或"、"并非"、"每个"、"某些",以及"等于"这样一组记号。那么就会出现几个问题。这些各不相同的观念有什么共同点?我们为什么偏偏把这样一些杂七杂八、颇为古怪的"逻辑常元"挑出来充当逻辑的基本概念呢?这些概念若是真正截然有别的初始概念,我们又该怎样解释它们之间相互的逻辑关联所构成的复杂网络呢?比如说,可以有很多种不同的方式从那个概念集里选出一个子集来定义余下的概念(5.42)。而维特根斯坦则是要说,真正初始的逻辑概念,就是把诸命题组合成逻辑上复合的命题这一观念,而这一观念再结合本节的核心主张,就是指把诸命题组合为诸命题的真值函数这个一般观念:这样一来,弗雷格与罗素逻辑中的"逻辑常元",就统统可以解释为这个一般观念的特殊情况了。因此他想方设法要构造一个单一的逻辑装置(他的"N 算子":见 5.502),要让一个命题集的每个可能的真值函数都能由它来界定。这件逻辑装置,并不实际就是那"唯一的逻辑常元"——"唯一的逻辑常元"指的是构成真值函数性质的复合命题这个一般观念——但既然一个命题集的每个可能的真值函数都能用这件装置来界定,它就可以用来代表那唯一的逻辑常元。

89

   维特根斯坦之所以想方设法只用一件逻辑装置来建构整个逻辑,还有一个更特殊的理由,这是 5.451 背后的关切所在。要想充分理解这段话的要点,可以把它批评的对象视为罗素以及《数学原理》引入初始逻辑常元的方式。怀特海和罗素先是建立了命题逻辑,这时引入了" V "(=或)和" ~ "(=并非)这两个初始逻辑常元。在这个阶段,由于他们还没有引入概括记号,所以他们只能对未用到量词的记号组合引入" ~ "。然后在《数学原理》 * 9,他们引入了量词,这时就得解释既包含量词又包含否定符号的命题的意义。

他们于是定义了这类记号组合的意谓。维特根斯坦反对这种分步渐进地引入"～"的做法,并在 5.451 予以详细说明。我们只需问一问:"到了这一步,哪还有余地去下定义呢?"要么,否定所意谓的与首次引入否定记号时一样,这种情况下它与量词的组合的意谓,应能从一开始对否定的解说中推导出来;要么,否定所意谓的和一开始不一样,在这种情况下用一样的记号会导致混乱。维特根斯坦称,要避免这种情况,唯有我们不是陆陆续续地,而是一次性地引入所有初始逻辑记号才行。而要做到这一点,最简单的办法是只引入一件逻辑装置——N 算子——并完全用这个算子来解说罗素的逻辑中全部的所谓初始记号。

谢费尔竖线

为了弄懂维特根斯坦会怎样运用 N 算子,我们需要绕行到"谢费尔竖线"这一话题,做些预备工作。谢费尔证明,可以仅用一个逻辑联结词构造出全部命题逻辑(命题逻辑,即逻辑中处理有限个命题的真值函数的部分)。如果把"$p|q$"看作"既非 p 且非 q",我们可以表明,命题逻辑的其他所有联结词都可以完全用这一联结词来定义。证明谢费尔的结果很容易,不过我在这里只解说一下如何用"$p|q$"来定义其他逻辑联结词。"并非 p"相当于"既非 p 且非 p",即"$\sim p$"$=$"$p|p$",而"p 或 q"相当于"并非既非 p 且非 q",即"$p \vee q$"$=$"$(p|q)|(p|q)$",诸如此类。维特根斯坦想要把诸基本命题的每个真值函数,都构造成某一种真值运算在诸基本命题上连续应用的结果。谢费尔的结果只涉及有限个命题的真值函数,但维特根斯坦需要能处理无穷多个命题的真值函数。因此,维特根斯坦将引入"既非……且非……"的无穷型类似品,即 N 算子,还会不加证明地认定谢费尔的结果对于无穷情况也能通过。(直觉上明显是能通过的。)我们可以认为这个无穷型类似品就是"以下皆非:……"这个算

子,当它应用在一系列(个数可能是无穷多的)命题上时,产生出一个
命题,说的是这一系列中没有一个命题为真。

变元之为命题变元

我们现在要回到一个维特根斯坦误置于 3.314 的主张——每
个变元都可理解为一个命题变元。直到 5.501 这里,维特根斯坦才
需要一个具有充分一般性的命题变元概念,上述主张及其重要意
义也才能予以恰当的评估。我们需要理解的是如下几点:(1)这个
一般概念是怎样定义的;(2)每个变元怎样理解为一个如此定义的
命题变元;(3)为什么这一主张对维特根斯坦很重要。

1. 维特根斯坦所说的命题变元,指的是取值均为命题的变元,但不
   是指以所有命题为取值范围的变元。按他对变元的用法,变元的
   取值范围总是一个有限的命题域。如他所言,规定变元的方式就
   是规定变元可能取的值,如何规定这一取值范围则无关紧要
   (5.501,参见 3.316~3.317)。在 5.501 中,他具体说明了我们规定
   取值范围的三种方式,但重要的是要注意,他没有说他这三种规
   定方式毫无遗漏:实际上,若要完整地实施他用命题变元处理整
   个逻辑的计划,那么此处列出的清单还需要补入更多的规定方
   式。当一个真值函数应用到一个如此解释的命题变元上,会产生
   一个命题,它是该变元从中取值的那些命题的真值函数。如此说
   来,我们可以把"$V(\overline{\xi})$"当成这样一个真值运算,当它应用在以某
   一命题集为取值范围的变元上时,会产生一个命题,该命题说那
   个命题集中至少有一个命题为真。那么,如果 ξ 的取值范围是 p
   和 q 这两个命题,"$V(\overline{\xi})$"就会等价于"$p \lor q$",而如果 ξ 的取值
   范围是所有 fx 形式的命题,"$V(\overline{\xi})$"就会等价于"$(\exists x)fx$"。

2. 虽然维特根斯坦没有明言这一点,但他说每个变元都可以理解为
   命题变元的时候,所考虑的是标准逻辑中对变元的使用,而不是
   在微积分之类的数学中对变元的使用。为理解维特根斯坦的看

法,最好是举个例子。考虑"$(\exists x)\,fx$"。按照通常对变元的理解,这个命题的变元是字母"x",它以对象为取值范围,而这个命题所说的是某对象有属性f。但我们对这个命题也可以有另一种理解。我们可以不再简单地认为命题中的变元就是字母x,而是认为变元是"fx"这一复合记号,它以所有"fx"形式的命题为取值范围,然后我们把整个命题读作是在说,某个有如此形式的命题为真。可以初步认定,我们得到的是同样的结果,但只用到一个命题变元。这样,我们可以把每一次对变元的使用,替换为对命题变元的使用。

3. 维特根斯坦之所以想要把每个变元都理解为命题变元,其理由很简单。他想要证明,整个逻辑都可以完全归结到真值函数来解释,因此想要仅仅用真值函数算子来建立他的逻辑。但是,真值函数算子总是对整个命题做运算,并把所运算命题的内部结构忽略掉。所以,只有变元的值总是整个命题,才可能构造一个能处理逻辑中对变元的使用的真值函数算子。所以他需要偏离通常看待变元的角度,毕竟按通常角度来看,命题的内部结构是不能无视的。

N 算子

维特根斯坦在 5.502 引入了 N 算子,而 N 算子完全就是谢费尔竖线的无穷型类似品。把这个算子应用在一个命题变元上,会产生一个命题,该命题是变元取值范围的那些命题的一个函数,具体来说,就是一个当且仅当范围内所有命题为假,则自身为真的命题。依此,举最简单的情况来说(5.51),如果我们让变元"ξ"仅以两个命题"p"与"q"为取值范围,"$N(\bar{\xi})$"就等价于"既非 p 且非 q",而如果它以单个命题"p"为取值范围,"$N(\bar{\xi})$"就相当于"非 p"。谢费尔证明,只需把竖线函数用作唯一的逻辑常元,即可定义整个真值函数逻辑。维特根斯坦在此假定的是,类似的结果对无穷型的真值函数逻辑同样成立。

他的下一个任务是表明如何用 N 算子解释整个标准的弗雷格逻辑。这一任务理所当然分为两部分:解释概括命题,以及解释同一性命题。

概括性

在 5.52,维特根斯坦用 N 算子为概括命题做出了说明。初看上去,他的说明非常简单明了,但这部分讨论的背后是他与罗素的一个重大分歧,由此可以解释后文许多论述的缘由。假设我们想用 N 算子表达一个概括命题,例如"某物是 f"("$(\exists x)\, fx$"),那我们会这样进行:我们把命题变元 ξ,规定为一个取值范围是一切"fx"形式的命题的变元。我们把 N 算子应用在变元 ξ 上,产生出一个命题,这个命题说的是形式为 fx 的命题都不为真,亦即没有东西是 f。若对这个命题再做否定,我们就得到一个说某物是 f 的命题,而这即是所要的结果。类似地,要想得到全称概括式("一切都是 f"——"$(x)\, fx$"),可以对一个取值范围是所有"$\sim fx$"形式命题的变元应用 N 算子[1]。

然而,罗素不止一次提出过这样一个论证,它使罗素确信,概括命题无法归结为真值函数来说明,而维特根斯坦做出的说明正

---

[1]　罗伯特·福格林(Robert Fogelin)反对这一点(*Wittgenstein* [2nd edn.; Routledge: London, 1987], p. 78),他说维特根斯坦用 N 算子可以解释简单的概括["$(x)\, fx$"或"$(\exists x)\, fx$"],但维特根斯坦对命题一般形式的说明生成不了具有混合多重概括性的命题["$(\exists x)\,(y)\, f(x, y)$"]。我们在此需要回想本书"背景"一章里对弗雷格的讨论。这些命题是有可能生成的,只是要经过一个双阶段流程。第一阶段,我们用 N 算子生成"$(y)\, f(a, y)$"、"$(y)\, f(b, y)$"、"$(y)\, f(c, y)$"……这些命题,接下来是第二阶段,我们定义一个新的命题变元,其取值范围是所有上述那些命题,然后把 N 算子应用在这个变元上,得到"$(\exists x)\,(y)\,.\, f(x, y)$"这个命题,再对这一命题取否定就是所要的结果了。福格林没能得到这个结果,是因为他试图经过一个单阶段流程生成这类命题,而这样做的确是行不通的。

会因此而站不住脚[1]。这个论证大体如下：假设我们想要归结到真值函数来说明一个概括命题，例如"所有人都是会死的"。然后，假定汤姆、迪克和哈利即为所有人，那么做这种说明的唯一方式是把原命题当作一个合取式："汤姆是会死的&迪克是会死的&哈利是会死的"。但这个合取式与原概括命题的等价性，只在汤姆、迪克和哈利即为所有人的前提下才成立，而这一前提即使为真也只是个偶然真理。因而这个合取式并非在逻辑上等价于概括命题，而我们为了取得所要求的逻辑等价性，还需要补上一个子命题："并且汤姆、迪克和哈利就是所有的人"。但这个子命题本身就是个概括命题，因此我们并没有真正把一个概括命题还原为诸单称命题的真值函数。因此在罗素看来，在诸基本命题之外，我们还需要承认至少有一个无法分析的概括命题，并且有该命题须可应答的一个无法还原的概括事实。由此也可以解释罗素何以有这样一条意见，这是罗素读《逻辑哲学论》时，最早向维特根斯坦提出的意见之一：

> 同样有必要给出这样一个命题，即一切基本命题都已给出了。[2]

这里的想法是，只用基本命题的真值函数是无法说明概括命题的，从而在有意义命题的清单中，应至少增添一个完全概括的命题。

维特根斯坦在答复罗素时明确指出，这种增添既不可能，也没有必要：

1.不可能做这种增添，因为没有哪个命题能表达出某个基本命题集即为所有基本命题的意思。假设我们从某个基本命题集出发，不

1　例如见 B. Russell, 'The Philosophy of Logical Atomism'（*The Collected Papers of Bertrand Russell*, vol. 8 [ed. John G. Slater; Allen and Unwin: London, 1986], pp. 164-65, 206-207）.

2　Wittgenstein, *Notebooks*, p. 131.

妨令其为 p、q、r,然后问一问我们能以此组建出什么,由此设定我们运用这些资源能说出的东西的界限(4.51)。而我们能"组建"的一切,将是 p、q、r 的所有真值函数。至于 p、q、r 即为一切基本命题这一貌似断言的说法,其本身并不是 p、q、r 的真值函数,因而是逾越了可言说的东西的界限——是一种胡话性质的尝试,即尝试说出某种只能由语言的工作方式显示出的东西。

2. 没有必要把某个基本命题集即为所有基本命题这一点增添进来。这里我们需要记起在 2.021~2.0212 论证过的观点,即对象"构成世界的实体"。《逻辑哲学论》的对象是不容置疑的,它们构成语言的存在所必需的前提条件,并且存在于每一个我们可想象的世界里。那些对象又相应地定义了一个基本命题集,这些命题是同样不容置疑的。语言完全是把一个对象集和由之而来的一个基本命题集视为给定之物,而语言既不能也不必说该命题集即是所有基本命题。这一点就是出现在本段讨论中的 5.524 所真正要说的。

94

在 5.521,维特根斯坦对比了他与罗素两人对概括性的处理。(他提到的是"弗雷格和罗素",但他的论述与罗素在《数学原理》中的表述最为吻合。)这段第一句话强调了他采取的步骤:他把他对概括命题的处理分离成两个不同的组件,其中一个是概括性,另一个是真值函数。第一步,我们运用的是概括性观念,运用的方式是定义一个变元,把它的取值范围规定为具有某种形式的一切命题,然后是第二步,我们应用 N 算子,也就是把它当成一个单纯的真值函数性质的算子应用在那个变元上。对维特根斯坦在后面两段话中向罗素提出的抱怨,人们普遍有所误解,这很大程度上是因为维特根斯坦此处的表述比较笨拙,使得许多人误读了他所说的"联系在一起"(in Verbindung mit)。此处,维特根斯坦其实是回到了我们讨论 5.451 时考察过的一条抱怨。由于罗素没有在记号上分离出概括性的两个组件,即真值函数组件和表示概括性的组件,

所以他不得不另行引入量词,不得不把量词作为新的初始记号列
于真值函数逻辑的记号之外。因而,罗素发现自己不得不为包括
了逻辑积与逻辑和的记号组合去引入量词,于是造成了维特根斯
坦在 5.451 所察觉的费解之处。

同一性

接下来在 5.53～5.5352,维特根斯坦转而讨论同一性。他在
1913 年给罗素的一封信中写道:

> 同一性就是那个魔王,它无比重要:比我之前以为的重要
> 得多得多。[1]

维特根斯坦把同一性视为"魔王"的根本理由很清楚。1913 年,维
特根斯坦实际上已经想要归结到真值函数来说明一切逻辑复合
性,从而说明整个逻辑,但对于完成这项工作的可能性,同一性似
乎提供了明显的反例。一方面,等号看起来是逻辑中不可或缺的
设置,比如说,表达"至多有一物为 f"这样的命题要用到等号:$(x)(y)$
$(fx \,\&\, fy \supset x=y)$。另一方面,真值函数关系是命题与命题之间的关
系,所以我们若想归结到真值函数来说明所有逻辑装置,就必须能
把这所有的逻辑装置都解释为命题联结词和运算。但是等号完全
不像是命题联结词,而像是某种关系的记号,而我们直觉上会为同
一性(相等)做出的解释,也的确会说同一性是一种关系,是每个对
象只与自身才有而与其他对象都没有的关系。因此,维特根斯坦
必须对同一性另作一种说明,并表明那种直觉性解释只不过是假
象。不过下文对同一性的说明并不是特设的,并非专为辩护他对
逻辑做出的真值函数性质的说明而驳斥一个尴尬的反例。相反,
他对同一性做出的说明,其实代表了一条哲学上有趣的思路,这种
趣味并不依赖于《逻辑哲学论》展开论证时对它的运用。

1　Wittgenstein, *Notebooks*, p. 123.

维特根斯坦先是在 5.5302 批判了罗素对同一性的说明：在《数学原理》中，怀特海和罗素设法用不可分辨者为同一的原理(the Principle of Identity of Indiscernibles) 的某一版本来定义同一性。两个对象被解释为同一的，当且仅当二者的所有基本属性相同——所谓基本属性，就是可以用原子命题的真值函数来定义的属性（《数学原理》中的原子命题，相当于维特根斯坦所说的基本命题）。维特根斯坦自己对同一性的说明，是从拒斥上述说明方式入手的（5.5302）。他这里的意思很简单：考虑这样一个命题集，其成员是所有包含名称"a"且为真的基本命题，以及所有为假的基本命题的否定。把这些命题里的名称"a"统统换成名称"b"，得到第二个命题集，其成员也是诸基本命题和基本命题的诸否定。现在，给定诸基本命题在逻辑上互相独立，那么，没有什么能防止第二个命题集和第一个同样为真——或者说，这种可能性至少无法纯凭逻辑而被排除掉。但是，如果逻辑上有可能让两个不同对象共享所有的基本属性，那么，如此对共同属性的具备，就不能用作同一性的定义。罗素起初为这一批评所震动[1]，后来又认为这样批评是乞题的：如果他的定义正确，那么两个不同对象的基本属性原不可能完全相同。虽然我认为这个答复并不周全，但我们不会追索下去，毕竟对罗素的这一批评只是为更有趣的东西所做的预备工作，而这更有趣的东西就是维特根斯坦对同一性命题的正面说明。

理解这一正面说明最合适的起点，是弗雷格的《论意义与指称》(über Sinn und Bedeutung [On Sense and Reference]) 一文。弗雷格在这篇文章里提问，应当如何解释这两个命题的不同："启明星即长庚星"与"启明星即启明星"，这第一个命题宣告了一个有意义的天文学发现，第二个命题则是琐碎的，尽管两个名称都指称同一事物——金星。他回答说，每个名称除了有个指称之外，还必须认定它有个意义——其指称的一种呈现模式。罗素和追随罗素的

96

1　详见他为《逻辑哲学论》写的导言，《逻辑哲学论》第 16 页。

维特根斯坦都为这一回答作了进一步的释义,他们说这类情况下,两个名称里至少有一个是某限定性描述语的缩写,从而例如上述两个命题中的第一个,可以看作等价于"晨空中最亮的天体与夜空中最亮的天体是同一的"。这样一来,每个有意义的同一性命题都可以这样来看:命题的等号两侧之中,至少有一侧,要么是个限定性描述语,要么可以视为一个限定性描述语的缩写。

接下来,罗素在《论指谓》一文中提供了这类命题的分析,分析的思路如下。假设我们考虑这个命题:"司各特是《威弗利》的作者"。可以认为这个命题等价于:"司各特写了《威弗利》;至多有一个人写了《威弗利》;并且,任何写了《威弗利》的人等于司各特",即"$W(S) \& (x) (y) (W(x) \& W(y) \supset x = y) \& (z) (W(z) \supset z = S)$"。鉴于同一性的逻辑属性,罗素放入的最后一个分句其实多余,于是可以认为上述分析就是:"司各特是《威弗利》的作者" $=_{\text{Def}}$ "$W(S) \& (x) (y) (W(x) \& W(y) \supset x = y)$"。这给了我们一种办法来展示任何有意义的同一性命题所包含的信息内容。然而初看之下,这似乎什么也没有达成,因为定义的左右两侧都用了等号,于是我们是在用同一性本身解说同一性了。但有一个重要的差别:不同于左侧的是,右侧的等号只出现在量词辖域之内,夹在两个变元之间。这意味着,我们只要能说明等号夹在两个变元之间这一种用法,即可由此扩展到每一种等号用法的说明,这是因为每个有意义的同一性命题都能按上述思路予以分析,转化为只出现那一种等号用法的命题。

97　维特根斯坦所提议的,则是把等号的使用换成一条读解量化公式中的变元所遵照的约定(5.532),按这一约定,不同的变元只允许做不同的代换。这就产生如下这类结果:我们不再能从"(x) (y) $F(x, y)$"推论出$F(a, a)$,而只能推论出$F(a, b)$。给定这一约定,则"司各特是《威弗利》的作者"可以简单地分析为"$W(S) \& (x) (y) \sim (W(x) \& W(y))$",这时完全用不着等号了。通常以"$(x)$ (y) $F(x, y)$"形式来表述的命题,按照新的约定将表述为"(x) (y) $F(x, y)$ & (x) $F(x,x)$"。这样一来,如维特根斯坦所说,显式的等号就有可能省去了(5.533)。

若采取该约定,某些貌似命题的东西将无法得以表述,如"每一事物都同一于其自身"(5.534)。但既然已经主张,该约定是一种能表述我们平常用等号表述的每个有意义命题的记法,那么这些貌似命题的东西由此就被揭露为伪命题——也就是胡话了。然而,那些若都是胡话,维特根斯坦就提供了强有力的根据来支持他说同一性不是关系(5.5301):假如等号是关系表达式,维特根斯坦在5.534中列出的命题就得是有意义的了。

但从当前上下文看,维特根斯坦在5.3s对同一性的处理的重要性在于,他由此表明等号的存在不构成如下两个主张的反例:一个主张是,每个命题都是诸基本命题的真值函数,而他与此相关的另一个主张是,我们只需用到N算子,就能把每个命题表述为诸基本命题的真值函数。如何用N算子表述量词,我们是知道的:我们不过是对N算子如何表述量词的解释略作调整,以便把读解变元的新约定并入其中。

内涵性

维特根斯坦为命题的一般形式作铺垫的过程中,最后要处理的话题是所谓的"内涵性"。一个命题作为组件在一个更大的命题里出现时,这种出现常常显得无法归结为真值函数来说明。最常见的例子,来自用到心理动词的命题,如"A 相信 p"。那么这类命题对他的这一主张,即命题只作为真值运算的基底才出现在其他命题里(5.54),不就构成反例了吗?维特根斯坦的答复简短到了晦涩的地步,不过他的想法还是相当清楚的。下面要展开来讲的是,维特根斯坦说"A 相信 p"具有"'p'说 p 的形式"这一点"很明显",到底是什么意思。此处我们要想起他在命题3及其后文中对

98

思想(thinking)的说明。维特根斯坦认为,A 相信 p,在于 A 心中有一幅图画,即有一个表现 p 的命题记号。那么他的主张其实就是,断言 A 相信 p,相当于断言 A 心中的命题记号——"p"——说的是 p。有人会说,既然"'p'说的是 p"在维特根斯坦看来是胡话,那么他这里暗示的想法就很古怪了,似乎是说任何对某人持有某信念的指认都是胡话[1]。但我们在此要想到记号与符号的区别(3.32)。如果我们说,A 心中的命题记号说的是 p,那么这应比作如下情况:别人问我们,某一门外语里的某个记号说的是什么,我们回答"这说的是'由此通向莫斯科'"——谁都会说这是一个简单明了的经验性断言。只有在我们试图说 A 心中的某个符号说的是 p 的时候,按照维特根斯坦的说法,我们才是在说胡话。

不过,要想展开说明"'p'说 p"为真在于什么,如维特根斯坦所言(5.542),关键是要把"p"中的名称关联到名称所指的对象上,而不是把"p"本身关联到什么上去。从而,在对"A 相信 p"进行过充分分析后的形式中,命题"p"就不会出现了。这样一来,只有在命题的表面形式中,命题"p"才出现为另一命题的成分。

维特根斯坦此处的说法很粗略,也是极为纲领式的,但基本思想很明确,即便需要再做相当多的推究。我们一开始面临的情况是,命题"p"仿佛是一个更大的命题里的非真值函数成分,但既然在更大的命题经分析后的形式中,"p"总是会消失,于是对于维特根斯坦的基本观点,我们也就只有一个表面上的反例了。

唯我论与实在论

　　5.6 我的语言的界限意谓我的世界的界限。

本节的结尾无疑是全书最难的一段。唯有这一处,不能把困难归

1　例如见 Anthony Kenny, *Wittgenstein* (1973; rev. edn; Blackwell: Oxford, 2006), p. 80.

咎于维特根斯坦本人：这里的困难不是由于思想表达得太过浓缩，而是源于维特根斯坦如下愿望本身的困难，这一愿望就是，他想让我们看到某种他认为不可说的东西——亦即在他看来"唯我论者"所追寻的"真理"（5.62）。由于这一困难，下述解读与我在本导读中做出的多数其他解读相比，都更为试探性一些。

第一个问题是："这段讲唯我论的漫笔，为什么安排在了文本的这个位置，安排在命题一般形式的技术性阐发的末尾呢？"回答是，维特根斯坦之所以阐发命题的一般形式，其目的之一是以此隐含地设定"语言的界限"：命题的一般形式对何为可言说的东西，做出了全面无遗的说明。任何据认为是命题的东西，只要无法表示为诸基本命题的真值函数，就从语言中清除了，而清除的方式则是它根本不被囊括在语言之中。此形式即为一般形式这一事实，显示着语言的界限。

下一个问题是："这里的'唯我论者'指的是谁？"为回答这个问题，我们需要考虑到维特根斯坦的背景，考虑到他少年时对某种先验观念论的热衷，尤其是对叔本华的热衷[1]。我们可以从康德在"范畴的先验演绎"中的一段陈述讲起："'我思'必须能够伴随我的一切表象；因为如若不然，在我里面就会有某种根本不能被思维的东西被表象，这就等于是说，表象要么是不可能的，要么至少对我来说什么也不是。"[2]若不过多纠缠康德文本的诠释细节，可以认为这句话相当于说，就世界之为我所关涉者而言，它必须能够被表象在一个单一的意识中，受制于其为我所经验这一可能性所需的条件。从这个意义上我们可以说，在康德看来，"世界是我的世界"。康德接下来将会在"谬误推理"篇中主张[3]，若以为由此辨认

1　维特根斯坦在写5.6s各段时，一定是想到了一般认为是叔本华说过的一句话："人人都误把自己视野的界限当作世界的界限。"

2　I. Kant, Critique of Pure Reason（trans. N. Kemp Smith；Macmillan：London, 1929），B 131.

3　同上，B 399-432。

出了一个作为经验之形而上学主体的实项,就犯了推理上的谬误,而实际上"我思想中所有的只不过是意识的统一性"。到此为止,上述想法听起来很像维特根斯坦的想法,这只需我们把康德对于经验之可能性条件的关切,调换成维特根斯坦对于在我的语言中表现世界这一可能性的关切,于是"语言的界限意谓我的世界的界限",同时也得出"在一种重要的意义上不存在主体"(5.631)。

那么康德与维特根斯坦的不同之处在哪里呢?归根结底,康德的界限是在认识论上设定的。当康德把世界看作我可以对它做出客观上为真或假的判断时,他所想的是,这蕴含着必定能有某种方式可以用来在经验中得知我的判断是为真还是为假。由于这点,他可以谈论"扬弃知识,以便为信念腾出地盘"[1]。虽然我们的知识被限制在这样一个世界,即就其受制于经验之可能性条件而言的世界,但对于就其本身而言的世界,对于就其不受制于那些条件而言的世界,我们仍能展开思辨。这意味着康德为经验之世界设定界限时,那些界限是些真正的限制。相反,维特根斯坦谈论"语言的界限"时,那些界限是由逻辑设定的,而在这里,逻辑的空洞性就充分显出其效力了:如果所谓"世界自身"要与出现在我语言中的世界形成对照,那么这"世界自身"就会是一种胡话性质的观念,即不合逻辑的世界这一观念,而"我们不能思考我们所不能思考的东西;因而我们也不能言说我们所不能思考的东西"(5.61)。如此一来,"语言的界限"无论如何不是什么限制了。康德可以说,先验的观念论相容于乃至蕴含了经验性的实在论,然而维特根斯坦会下结论说,严格贯彻的"唯我论与最纯粹的实在论相重合",以至于看待《逻辑哲学论》思想的观念论视角与实在论视角所形成的对照,现在根本不复存在了。

1　I. Kant, *Critique of Pure Reason* (trans. N. Kemp Smith ; Macmillan : London, 1929), B xxx.

讨论话题

为了顾及存在无穷多个基本命题的可能性,本节有哪些论述需要加以修正?

讨论维特根斯坦与罗素在如下问题上的分歧:是否有可能完全归结到真值函数来说明概括命题。

什么是唯我论者所追寻的完全正确的东西(5.62)?

第6节 "真值函数的一般形式是:$[\bar{p}, \bar{\xi}, N(\bar{\xi})]$"

本节的开头,维特根斯坦陈述了他在上一节论证过的命题一般形式,陈述的方式是给出一个其值包含每个有意义命题的变元。他由此隐含地界定了"语言的界限":任何貌似命题的东西,若能证明它不遵从命题的一般形式,就能由此揭露它是胡话——它逾越了语言的界限。接下来,维特根斯坦在本节审视了一系列语言使用的情况,这是一些从上述立场出发初看上去成问题的情况——而这些情况,维特根斯坦或是指出会如何予以容留,或是指出如何斥之为胡说。他所考虑的各种情况依次是:6.1s,逻辑真理与逻辑谬误;6.2s,数学命题;6.3s,科学理论与因果命题;6.4s,价值陈述;以及6.5s,形而上学和对世界整体所提出的说法,最终还包括《逻辑哲学论》本身的句子。贯穿本节的主题乃是 6.37:"只存在逻辑的必然性。"命题的一般形式,既然已详尽阐明如何为命题的成真条件做出系统的说明,那么,它就没有把丝毫余地留给那些既必然为真而又提出了关于世界的实质性主张的命题。

我们将主要关注维特根斯坦对逻辑真的处理,以及命题的一般形式对于形而上学探究造成的结果,这既是因为这两者与本书的整体关切最为接近,也是因为维特根斯坦对其他话题和伦理学讲得十分粗略,至多提示了一些思路。至于 6.54 牵涉的问题,则留待下一节考察。

101

前一节我们已经看到,维特根斯坦把 N 算子引入为这样一个真值函数算子,即一个可用来规定一命题集之每个可能的真值函数的算子。现在到了命题 6 这里,他给出了一个公式,该公式意在展示出如何仅用到 N 算子即可把每个命题由诸基本命题生成出来。这给了他"命题的一般形式"——指出了如何可能把每一个命题,都作为诸基本命题的真值函数系统地生成出来。他也由此设定了"语言的界限"(参见 4.51):命题 6 给出了命题的一般形式,因而任何貌似命题的东西,若无法分析成合乎命题 6 的形式,都将被揭露为胡话。

在本节,他会审视语言的现象,剖析一系列从命题 6 的角度来看,似乎有这样那样问题的情况。这些情况下,他将或者指出那些命题该如何容留下来,或者指出我们所处理的语词形式只在表面上像个命题,实则并非用来说出某种为真或为假的东西,或者把貌似命题的东西揭露为徒有其表,实则不过是胡说的语词串而已。但初看他似乎做不到这些,毕竟命题 6 只涉及命题经过充分分析后的样子,至于分析本身该怎样进行,维特根斯坦很清楚他自己一无所知。而给定一个命题,除非我们知道该怎样着手分析它,否则我们该怎么知道它经过分析后是否合乎命题 6 所述的样式呢?回答是,我们可以有间接理由认定,我们无法使某个给定的貌似命题的东西合乎那种样式。其中最简单的理由是,命题 6 没有把丝毫余地留给实质性的必然真理——而唯一一类能作为诸基本命题之真值函数而生成的必然的东西,是逻辑学的空洞真理,这类真理我们会在 6.1s 予以考察。维特根斯坦在本节审视的命题固然多种多样,但按照直观的理解,这些命题都像是就世界提出了若为真则必然为真的断言,同时又不像是空洞的重言式。贯穿本节的一条主线从而就是维特根斯坦在 6.37 所说的:"只存在逻辑的必然性。"

不过,在具体查看维特根斯坦接下来要评论的各种命题之前,我们得先看一看命题 6 本身。遗憾的是,维特根斯坦对命题 6 的陈述很是出了些疏漏。结果,评论者浪费了大量时间,要么努力让他这里的讲法原封不动地奏效,要么争辩说,既然无法原封不动地奏效,维特根斯坦整个命题的一般形式的观念就说不通了。其实,发现他犯的错误并予以纠正,是相对简单直接的做法[1]。

　　维特根斯坦此处提出的记法,本意是用作一个"形式序列"的记法,而对"形式序列"这一概念,他在 4.1273 做过非形式的解说,在 5.2522 又做了显式的解说。他在 5.2522 做出的说明,对他在 6.03 援引的自然数的解释是完全有效的:$[0, \xi, \xi+1]$ 这一公式产生出序列 0, 1, 1+1, 1+1+1, …,而公式的第二项和第三项给出了从某个数推进到这个数的后继的规则。然而,当他在 5.2521 引入运算概念时,他说:"在类似意义上,我谈论多个运算在一些命题上的连续应用。"这个扩展虽然只是顺便提到,但它对维特根斯坦的目的十分关键,因为他的主要算子——N 算子——的全部要义,就在于这个算子并不只用在单个命题上,而是用在一整组命题上的,即便这一整组命题有无穷多个。这就是为什么维特根斯坦不能把 N 算子定义成是应用在单个命题上以产生一个命题,而必须定义成应用在一个命题变元上以产生一个命题。然而维特根斯坦所忽略的是,这意味着他的形式序列记法不是为应对这种运算而设计的。命题 6 的公式实际上完全说不通。既然该记法的本意是向我们解释一个可迭代的过程,它本应当给我们一条规则,使我们能从序列中一个命题推进到下一个命题,而在得出的命题上再次应用同一规则,又应当能产生出第三项。但这不是维特根斯坦记法所做的事情:这种记法反而是给了我们一条从一个命题变元推进到一个命题的规则。因而,一旦用了这条规则,我们就不能把同一条规则

103

――――――――

1　实际上,罗素在他为《逻辑哲学论》写的导言里,对于维特根斯坦本来该有的说法作了令人满意的非形式的阐释。他暗自改正命题 6 的原文的同时,还圆融得体地说:"维特根斯坦先生关于他的符号系统的解释,没有在原文中充分地展开。"

简单地套用在运算结果上,而不得不分步进行下去:先规定一个命题变元,其取值范围是某个已知命题的集合;然后对这个命题变元应用 N 算子,产生出一个新命题;再规定新的一个命题变元,其取值范围是你现在知道的命题的某一集合;以此类推。而这个流程根本没有直截了当的方法化归为维特根斯坦在命题 6 所设想的简单的形式序列。他所需要的,反而是对命题概念的递归定义,类似这样:

1.如果 p 是基本命题,那么 p 是命题。

2.如果 $\bar{\xi}$ 是取命题为值的变元,那么 $N(\bar{\xi})$ 是命题。

3.所有命题均由(1)和(2)给出。

维特根斯坦在 6.001 为命题 6 作注说,每个命题都是 N 算子在诸基本命题上连续应用的产物。如果说这一思想未能由命题 6 处理妥当,那么上述的递归定义其实可以处理妥当。其基本思路是:首先我们有诸基本命题;接下来把 N 算子应用到基本命题组成的种种集合上,形成一个新的命题集;把这一集合增添到原来的基本命题集中,然后重复整个过程,直到生成诸基本命题的所有真值函数。如维特根斯坦在 5.32 所提示,这可以在有限的步数中完成[1]。

就这样,递归定义完成了维特根斯坦的命题 6 意在完成但未能完成的任务。这一定义把语言呈现为一个让每个可能的命题都会在里面找到位置的系统,而该系统中设为给定的是诸基本命题,并且只用到一个真值函数算子。既然该系统将会包含每一个可能的命题,它由此就隐含地设定了"语言的界限":任何不在该系统内生成的东西将无非是胡话。

也可以说,递归定义完成了命题 6 或许曾想完成的几乎所有任务:它只是没有在一个简单的线性序列中生成每一个命题。但我们很难看出如此生成的可能性应当具有何种哲学意义。况且,

---

1   实际上所要求的步骤很少:重复到第四遍之后,每个真值函数都会出现。

如果要顾及存在无穷多个基本命题的可能性,那就无论如何也不可能把诸基本命题的所有真值函数排入一个线性序列中了:这些真值函数根本就是太多了。

"全部的逻辑哲学"

接下来,维特根斯坦把话题先转向逻辑命题的本性和地位,这时他在 6.1 宣称,逻辑命题是重言式。其实促使维特根斯坦进行探究以至最终完成《逻辑哲学论》的一个出发点,就是他不满于弗雷格尤其是罗素对这一问题的回答。

> "重言式"对于定义数学的重要性,是我以前的学生路德维希·维特根斯坦向我指出的,当时他正在研究这个问题。笔者不知道他是否已经解决了这个问题,连他现在是生是死也不知道。[1]

罗素曾把逻辑真理刻画成既为真又完全一般性的命题。这指的是毫无特殊内容,且除了逻辑常元与变元以外什么都不包含的命题,例如"$(\exists x)(\exists y)(\Phi)(\Psi)(\sim(\Phi(x, y) \supset \Psi(x, y)) \supset \sim(\Psi(x, y)))$"。这样一个命题只要为真,就会是一条逻辑真理。对这种刻画逻辑真的方式,维特根斯坦回以清晰而无反击余地的驳斥(见 6.1231~6.1233)。一方面,我们没有理由说,不会存在完全一般性却又偶然为真的谈论世界的命题;另一方面,也可能有一些命题,既关乎某一特殊题材,又能像"完全一般性的"命题一样算作逻辑真理("并非既在下雨又不在下雨")。这就要求对一个命题之为逻辑真理在于什么的问题,完全提出另一种具体规定——这种规定要解释逻辑真理为何必然为真,要解释我们为何能先天地知道逻辑真理,还要解释逻辑真理之必然而先天可知的地位为何不成问题。维特根

105

---

1 B. Russell, *Introduction to Mathematical Philosophy* (Allen and Unwin: London, 1919), p. 205.

斯坦提出，这样一种具体规定应当取自重言式的概念："重言式"这一术语是他从修辞学借来的，表示一个完全空洞的说法，一个什么也没说出的命题。逻辑命题的必然性与先天地位，正是凭这类命题完全的空洞性，凭其无法给予我们有关世界的任何信息这一点换取的。这个具体规定很容易论证。如果逻辑命题是必然而先天的，那么，这种命题无论世界如何都为真。但如果无论世界如何——无论有何种事实——这种命题都为真，那么，这种命题就不会告诉我们有关世界的任何状况，同时也不需要有特殊的"逻辑"事实来使其成真。这种命题实际上是命题的退化情况，是符号体系的一部分，但抽空了一切内容。值得注意的是，维特根斯坦把逻辑真理作为重言式来刻画，这似乎先于他归结到真值函数去说明重言式：退化的真值函数（即命题集的一个这样的真值函数，无论如何指定命题集中各命题的真假值组合，它一概为真）这一想法，是维特根斯坦用来充实他原本的想法——逻辑命题之空洞性的。

以此为背景看，6.1s 的核心思路就很明白了。实际上，维特根斯坦阐发这条思路时严重地误入歧途，逻辑学后来的发展也表明他 6.122 中的说法明显有误。这里就是维特根斯坦的盲点——未能领会有限与无穷情况的根本不同——造成其最严重后果之处。结果，许多评论者由此断定，他对逻辑的整个说明必定依照了错误的思路，所以我们必须摒弃按真值函数把逻辑真理解释为重言式的思路，另去别处寻觅一种合格的逻辑理论。但这样回应太过于简单化。虽然 6.122 的错误很严重，也严重影响了维特根斯坦后面的某些论述，但本节的主要论证仍完好无损：无非是维特根斯坦从中得出的结论过于草率而已。

他在 6.113 宣称，逻辑真理的特别之处在于可以从符号本身看出它为真，而这一点本身"包含了全部逻辑哲学"。这一点的论证思路如下：逻辑命题是必然为真的。这就是说，这些命题是无论世界怎样都为真的。因此,搞清楚逻辑命题是否为真,必定毫不涉及查看世界(参见 5.551)。一条逻辑命题与实在并不形成表现关系:它与实在的诸表现关系"互相抵消了"(4.462)。既然如此,逻辑真理如果仍能为真,则必定是由于逻辑真理成真的方式使得确定其为真不涉及查看命题之外的东西。而要让这一点成立,只有命题本身的构造方式保证了命题的真值才行:因此,表达逻辑命题的符号本身必须包含用来确定命题真值的一切信息。这一点在我们的日常语言里可能是掩盖着的,而"从日常语言中直接集取语言的逻辑乃人力所不能及"(4.002)。但是,假如我们构造一种"由逻辑语法——逻辑句法——所统辖的记号语言"(3.325),命题的逻辑形式就会展现到表层上,命题所包含的成真条件就会得以明述。而这意味着"若采用一种合格的记法,我们仅靠查看命题,就能认识到命题的形式属性"(6.122)。(应当留意,他没有说自己找到了这样一种记法,尤其没有说 N 算子记法是这样一种"合格的记法"。)

唯独在这条思路的最后一步,维特根斯坦犯了错误。对于"重言式中不出现量词的情况"(强调来自笔者),他在 6.1203 以一种格外笨拙的命题逻辑记法予以阐明[1],这种情况下仅靠审视记法本身,即可看出一个命题是不是重言式。可是在 6.122,他没有再作论证就又宣称,他对"重言式中不出现量词的情况"所阐明的观点,必定能相当一般性地成立。

然而,阿隆佐·丘奇在 1936 年证明,一旦进展到谓词演算——包含了具备混合多重概括性的公式(形如 $(\exists x)(y) \cdots$ 的命题)的逻辑系统——那么,这样的演算没有判定程序可用,没有普遍适用的

107

---

1 之所以用这种笨拙的记法,原因在于 6.1203~6.122 其实是从 1913 年 11 月写给罗素的一封信里的材料(见 Wittgenstein, *Notebooks*, pp. 125-29)重新加工而来的。这就是说,此处这些想法的产生时间,远早于《逻辑哲学论》其他地方给出的那种简洁明了得多的真值表记法。

算法能用来判定一条给定的公式是不是逻辑真理。很明显,若用维特根斯坦提议的"合格的记法"来描写命题,并审视所得的命题记号,这正好会构成那样一种判定程序。如此一来,我们该怎么说呢? 6.122 很明显不再能成立了。在维特根斯坦此处一连串的想法当中,我们只好择路而行,多加小心。对他这里的说法,要分清哪些部分仍有很强的说服力,哪些部分必须断然拒斥。

丘奇定理(Church's Theorem)是不影响这一基本想法的:就一条逻辑真理而言,既然查看世界的状况与确定其真值并不相干,那么命题本身必定包含确定其为真所需要的一切信息。这条定理也不影响下一步,即我们可以用一种一览无余的记法描写命题,把命题的成真条件展现在外表上。我们甚至有可能会说,若用这样的记法,某一逻辑命题之为逻辑命题这一点,会由命题记号展示或者说显示出来(6.127)。维特根斯坦忽视的是,他一旦顾及了存在无穷多个基本命题的可能,也就要顾及对无穷域施加量化的可能。而我们的命题如果包含了多个在无穷域上施加量化的量词,那么即便最一览无余的记法,或许也无法以我们能遍览的形式,展示出某一给定命题是重言式的信息。所以即使我们仍然说,一个重言式显示出自身是重言式,它也可能不会以我们能认出的形式来显示:该命题是重言式这一事实,也许我们根本没有任何办法能够探明。这意味着,至少就"显示"概念的这种用法而言,不能把"显示"看作一个简单直接的认识论概念。

维特根斯坦这里最后对准的一个靶子在 6.127。这也许是维特根斯坦认为弗雷格持有的一种看法。按这种观念来看,存在着基本的逻辑真理——逻辑公理——而如果一个命题是按照逻辑法则从公理推导出的定理,则该命题也是一条逻辑真理。但是按维特根斯坦的想法,并不存在一组享有特权的逻辑真理或公理。一切逻辑真理之为逻辑真理的方式都一样,都在于其作为基本命题的退化的真值函数。此外,依照这种认识,每一条逻辑真理,只要

以适当的记法来表达,命题记号本身都包含了保证其真值所必需 108
的一切信息,因而它获得逻辑真理的地位,不是凭着它能从自身之
外的什么东西推导出来的。

在这里,我们又一次碰到了丘奇定理引起的困难。我们可以
把 6.1265 这条论述看成是一个半真半假的说法。如果它的意思仅
仅是,一条逻辑真理自身包含了确定其真值所需的一切信息,而不
是把它从其他命题的可推导性用作其为逻辑真理的标准,那它完
全是成立的。可是,如果把"证明"自然地理解为一个认识论概念,
意味着我们总能靠"计算出符号的逻辑属性"(6.126)来判别一个
命题是否逻辑地为真,那我们现在就知道这是错的了。这就意味
着,至少就其为认识论工具而言,公理系统也许不像维特根斯坦宣
称的那样可有可无。

我们此番考察维特根斯坦对逻辑学的处理,收尾处应该考虑
这样一个问题:"维特根斯坦为什么在很早的阶段就如此确信,必
定有某种记法可以使我们在每一种情况下都能判定一个命题是不
是逻辑命题?"如果我们只说维特根斯坦在写《逻辑哲学论》的时候
这样想很自然,说我们只是从后来者的眼光看才对他有这种想法
感到惊讶,那么我们说得就不够到位,没有解释维特根斯坦为什么
坚持说那必定是可能的。我认为,他的真实想法透露在心智哲学
中的问题上。他在 4.024 说"理解一个命题,就是知道如果它为真,
则实际情况如何"。而他对这一点的诠释似乎是认为,要理解一个
命题,不管怎样,总得把那些为使命题成真则必须实存的情形在心
里过一遍。如果你那样想,那你很自然会认为,既然无需什么东西
实存即可令一个重言式为真,那么凡理解这个命题的人,都应该能
径直看出它是个重言式。所以,犯下维特根斯坦在此犯下的错误
(以及另一个错误,即逻辑中不该有"令人吃惊的东西"[6.1251]),
也就可以理解了。

"数学命题是伪命题"

维特根斯坦在 6.2s 这几段中讨论数学命题,在此他想到的似乎主要是算术和数论。他这里的说法,看上去出人意料地粗略而不周全,若要构成一种切实的数学哲学,还需要对他的论述做很多补充完善。

命题 6.21 是一个恰当的起点。否认数学命题表达思想的理由在于,思想是事实的逻辑图画(命题 3),而在世界是事实的总和这种"事实"的意义上,存在着数学事实的想法是看不出有什么意义的。而如果一个命题之为有意义,在于它须对事实做出应答,那么数学命题就不是有意义的命题了。尤其再考虑到 6.2 开头那句话,我们可能会因此预料,维特根斯坦拥护某种"逻辑主义"——算术真理是伪装的逻辑真理这一主张,而就维特根斯坦而言,这又归结为算术真理是重言式的主张。然而在 6.22,他明确区分了重言式与"数学中的等式"。因此,我们要看看他怎么论述"等式"。

等式固然在数学中普遍存在,但维特根斯坦这里的说法根本不能一般性地成立:数学断言当中,同样普遍存在着本身不是等式,也无法显而易见地转化为等式的实例,这种实例我们可以举出很多——比如欧几里得断言存在无穷多的素数,更简单的还有"$2^{10}>1000$"这样的不等式。如果要把维特根斯坦的说法转变为一种切实的数学哲学,这里就是需要对他的论述加以补充完善的第一处关键点。有待表明的是,如何对等式的说明加以扩展,以说明如何处理数学中并非等式的断言。

下面,我们需要考察维特根斯坦这里对"等式"本身是怎么看的:要想弄懂维特根斯坦的说法,很重要的是要明白,他说的等式(Gleichung)不是简单地指"司各特是《威弗利》的作者"这类同一性命题。同一性命题在维特根斯坦看来无疑不是"伪命题",而是十足有意义的命题,可以用罗素的描述语理论加以分析,其思路曾在上文讲到他在5.53~5.534对同一性的处理时连带考察过。（当然我们可以说，按维特根斯坦的说法，这些命题只在表面上像是同一性命题，一经分析，则其真实形式完全不是同一性命题的形式。）要理解维特根斯坦说的"等式"指什么，我们需要回头参看4.241~4.242。维特根斯坦在那两段把等式描述为"表现手段"，而这一描述语，正是我们解读维特根斯坦提出的"等式是'伪命题'"这一说法时需要弄懂的。

110

维特根斯坦把等式说成"伪命题"，很可能让我们不禁觉得他这是在夸大其词，是在说等式是胡话性质的。但那不可能是他的本意，姑且不论数学是胡话这一说法本身多么严重地有悖直觉。而那之所以不可能是他的本意，正因为他接下来要为等式分配一个重要角色，一个在我们与世界打交道的过程中扮演的角色。等式也被说成是"显示了世界的逻辑"，而这是胡话性质的命题从来做不到的。维特根斯坦的意思想必是，等式虽有命题的表面形式（即等式是以陈述语气表达的），但其实没有真假可言，在我们语言中所具有的完全是另一种功能。那种功能是什么，前文4.241已经提示过。在那一条里，他着意于解释他如何用等式表述他的定义，而定义被他注释为"处理记号的规则"——即是说"$a=b$ Def."是一条准许我们把"a"代换成"b"的规则。数学中的等式当然不是定义，或者说不全是定义，但我们可以从他前文的论述中做出推断，以弄懂他在当前上下文中说的"伪命题"的意思。定义通常以陈述语气表述，因而具有命题的表面形式，但又不是有真假可言的命题：它只是给我们一条使用记号的规则。定义是一条规则的表述而不是命题，就类似于象棋规则里出现的"国际象棋中象只能沿对角线方向走"这句话，并不是凭象的走位而成真或成假的命题，而是表述了一条规则，这条规则告诉你下棋时允许怎样走象。所以定义是为操纵记号而制定的规则，推而广之，数学里的等式也是如此。照此说来，"$7+5=12$"被看作这样一条规则，它准许你在命题里出现"7 + 5"的时候把它代换成"12"。所以,从"这里有 7 本书,那里有 5 本书"这一命题,可以推进到"这里和那里共有(7+5)本书",这时候上述等式准许你把这句话改写为"这里和那里共有 12 本书"。

此处维特根斯坦这些论述的实质含义是,在他看来只存在应用数学或至少是可应用的数学。数学中的等式显示出了如下可能性,即我们有可能凭借刚才示例的种种对记号的操纵,把一个经验性命题从另一个经验性命题推论出来,而唯在其扮演这一角色的限度上,等式才终究有其意义(6.211)。

科学中的必然性

在 6.3s 中,维特根斯坦主要讨论自然科学,但也涉及意志(6.373)等问题上的思维方式。把本节统一起来的一点是,维特根斯坦所处理的都是这样一些地方,我们日常的前哲学思维会在这些地方有一种固有倾向,倾向于在科学等问题上谈论逻辑必然性之外的种种必然性。而贯穿这段讨论的主题是:

6.37 只存在逻辑的必然性。

写下 6.36311 时,维特根斯坦想到的大概是休谟("我们并不知道太阳明天是否会升起。"),下文很多说法也令人联想起休谟。然而,维特根斯坦对科学与因果性做出说明时,所依据的理由截然不同于能在休谟那里找到的任何思想。具体来说,为 6.37 本身提出的辩护是图画论(参见 2.225)连同随之而来的对逻辑本性的反思,这一反思我们在本节前面的部分曾考察过。

维特根斯坦这几段的核心主张,可以划分为以下三个阶段:

科学中的"形而上学"原理

他先考察了某些公认为科学所预设的高度抽象的原理,如因果律和守恒律。他这里的做法(6.32~6.36)可以看作在废除康德的先天综合知识,或者至少是废除康德在"经验的类比"中论证为先天综合真理的那类原理[1]。维特根斯坦与康德的分歧,不在于维特根斯坦认为这些原理是不真的抑或不是先天可知的,而在于他认为这些原理其实是空洞的,没有告诉我们世界是怎样的——这些原理实属"纯逻辑的东西"(6.3211)。若把守恒律保留在纯抽象层面上("每次变化之中都有某种东西是守恒的"),那么在维特根斯坦看来,它就不会告诉我们世界是怎样的,而只告诉我们,任何可能的科学理论会有怎样的形式(6.34):每个科学理论都包含某种守恒律,而如果我们允许把何物守恒的说明变得足够复杂,那么总有可能依此形成某种科学理论。而只有当我们引入进一步的要求,要求对何物守恒的问题应当有可能做出简单的说明时,我们才开始就世界做出实质性的断言。

112

简单性

这时候观点如下:维特根斯坦所说的是,因果法则存在这一抽象说法,可以与我们能想象的任何可能世界相协调(6.362)。然而科学方法(即归纳法)的关键,在于发现与经验相协调的一组最简单的法则(6.363)。不过归纳推论不是演绎有效的。因而维特根斯坦会得出结论说,与经验相一致的最简单法则即真法则这一假定,并不能从逻辑上予以辩护,他还会学着休谟说,对归纳法的信从只能从心理上予以辩护(6.3631)。

科学解释

维特根斯坦在6.371把自然法则对现象做出"解释"的想法描述成一种假象。我们该如何看待自然法则——比如牛顿运动定律这样的法则呢?我们一方面有牛顿以自然法则之名而提出的说

---

1 Kant, *Critique of Pure Reason*, B208 ff.

法,另一方面则有一份按诸基本命题的真值函数做出的长篇描述,这些真值函数描述了时空中所有物体的所有特定的运动,在这种情况下我们可以想象,经检验可知,所有这些特定的运动的确都服从牛顿的说法。那么,上述两者的不同之处是什么?我们自然会回答,法则解释了我们遇到的所有特定的运动。但依照我们所考虑的说明方式,这纯属假象。一旦把牛顿定律按命题的一般形式来分析,就可看出它不过是换一种措辞来表述那庞大的真值函数以混沌形态呈现出的内容而已。两者的差别将只在于牛顿的版本可以为我们所掌握,此外别无不同(参见 6.361)。

伦理与价值

在 6.4s 这几段里,维特根斯坦转而讨论伦理问题,以及更一般层面的价值问题。我在此强烈建议读者通读《笔记》自 1916 年 7 月 14 日起到书末的条目。[1] 与其说读这些条目能澄清《逻辑哲学论》本身的观点,不如说关键在于,这些条目见证了维特根斯坦在对两种明显难以调和的关切进行努力弥合时,做出了何等竭力的挣扎。一方面,《逻辑哲学论》的核心论证似乎导向某种伦理虚无主义;可另一方面,维特根斯坦又想充分严肃地对待伦理、价值和宗教的问题。他得出的观点难于解读,而他是否成功达到某种融贯的见解,也仍是有疑问的。

最开始的"否定性"主张,即不可能有伦理命题(6.42),是相对容易理解的:这里表述的是休谟的直觉,即无法从"是"推出"应当",并把它转译到了《逻辑哲学论》的框架中。假设我们知道了一切事实,知道了每个基本命题的真值,这仍不会以任何方式规定我们应当怎么做。包括在这"一切事实"中的会有人类心理、人类福祉等方面的事实,此类事实殊不少于其他事实。然而,命题旨在做

1　Wittgenstein, *Notebooks*, pp. 76-91.

的事情,正是陈述事实,而陈述事实是命题的一般形式唯一准许我们用命题性语言做的事情。

然而,维特根斯坦明显不愿只停留在这个否定性结论上,因为接下来,他就把命题说成是表达不了更高的东西,把世界的意义说成是处在世界之外。但这些说法能带有什么意义吗?这情况仿佛是维特根斯坦在5.6~5.64拒斥了先验观念论之后,现在想要恢复其原状,想要把伦理的东西设定在意志中,但不设定在"作为一种现象的"意志中(6.423)。这极容易让人想到康德"对本体概念的积极运用"。请看《笔记》的这几段:

> 思维的主体无疑纯粹是幻象。可是意欲的主体是存在的。
>
> 假若没有意志,也就不会有世界的中心,不会有这我们称为自我,称为伦理之事的承担者的东西。
>
> 本质上,善的、恶的都是自我,而不是世界。
>
> 自我,自我是那深深的奥秘。[1]

如果说这是一种先验观念论,那么维特根斯坦把自己置于的境地就比康德还要危险了。康德的本体世界超出了知识之所及,而没有超出思维之所及;但维特根斯坦的界限之外没有任何说得上是事实的东西,对界限之外的东西的谈论,根本就是胡话。

哲学问题

到了6.5s,维特根斯坦最终谈起通常认为属哲学分内之事的一组问题。也就是说,看起来有某些问题一方面极为重要,但同时我们又发现,没有哪种科学探究对于回答它们有何相干:就算一切可能的科学问题都得到解答,就算每个基本命题的真值我们都知道,这些问题仍会存在。

1　Wittgenstein, *Notebooks*, p. 80.

6.5 如果解答是无法表述的,问题也就是无法表述的。

鉴于命题的一般形式把每一个命题都作为诸基本命题的真值函数给出了,那么就不可能有哪个命题,能解答一个没有从诸基本命题的任何真值函数得到解答的问题。因而 6.5s 的主旨似乎完全是否定性的。像逻辑实证主义者后来会说的那样,维特根斯坦似乎是在说,对"人生的意义是什么?"之类的问题,唯一能做的就是揭露其无意义性。因此我们当即摒弃了所有这类探究。

不过事情没有这么简单。因为探讨到中途又有这样一句话:

6.522 当然有不可说的东西。它显示自身;它就是神秘的东西。

假如没有这一条,这一连串论述看上去就会是一个接一个的否定,而插进这一条则提示出,把 6.5s 完全读作破斥也许不是维特根斯坦的本意。另外的读法至少是可能的。比如,当维特根斯坦说,人生意义问题的解答是从该问题的消失中看出来的时候,乍一听他仿佛只是在说,"人生的意义是什么?"根本是蠢问题,实际上是胡话性质的问题,而这一点你如果能认识到,问题就不会再搅扰你。但他在这里又谈到"看清了人生意义的人",这无疑暗示他们看到了某种东西,而且是比"这是个蠢问题"更多的某种东西。依照这种解读,这些人看到的是某种无法诉诸言表而只显示其自身的东西,以至于他们所学到的就有认识到自己说不出自己看到了什么这一条。人生意义问题诚然是胡话性质的,但对这一问题的追问行为本身流露出一份真诚的智性忧虑,一份无法通过给出问题的直接解答来平息,而只能通过看到某种无法诉诸言表的东西来平息的忧虑。

如果这是维特根斯坦的本意,那么至少就其适用于人生意义等问题而言,难处在于弄明白该由什么去显示那不可说的东西。维特根斯坦前几次用到显示/言说之分时,他关心的是我们语言的工作方式显示了什么,以及我们对语言的掌握在何处显示出我们都默会地察知那得以显示的东西。而我们很难看出,在当前语境中是什么替换了我们对语言的掌握。1

但也许维特根斯坦确实只希望读者完全把这些段落读作否定性的。这些段落最终把我们带向吸引了最多关注的一段话。维特根斯坦在 6.54 很出名地宣称,任何理解了他的人,最终都会认识到《逻辑哲学论》里的命题本身是胡话。这一自相悖谬的说法是近年争论的焦点,而围绕这段话的讨论大多集中于如下问题:"维特根斯坦这里的说法,对整部《逻辑哲学论》的解读会有怎样的牵涉?"我们会把最后一整节的篇幅用于考察这个问题可能有的解答。下面我们将把引导维特根斯坦作此惊人之语的那一类考虑,从该书前面各部分当中收集出来,以此为本节收尾。

语言之可能性的条件

我们也许一开始是把维特根斯坦的《逻辑哲学论》当成一项先验探究,所探究的是如下问题:"语言是如何可能的?",而这又至少部分地被解读为另一个问题,即"世界必须是怎样的,才可使它能用语言来描述?"(参见如 2.0211 等段落)若从这一角度去理解《逻辑哲学论》的旨趣,我们会立刻陷入一个颇为显见的困境。不妨假设我们最终研究出这样的结论:但凡要使世界有可能用语言来描述,世界就必须是如此这般的(一个可描述的世界必须是一个 p、q、r 在其中必须为真的世界)。把这一点说出来会直接导致矛盾,因为这时我们能组成如下描述语:"p、q、r 中至少有一个在其中为假的世界",而依假设,这句话会描述一个不可描述的世界。

116

语言与世界之间的"匹配"

《逻辑哲学论》关注语言关联于实在、"直接触及实在"

---

1 维特根斯坦在多次谈话里都说起过诗人,说诗人显示了不可说的东西。但这样来使用显示的概念,似与之前的逻辑学说相去甚远,而那些逻辑学说才是本来指引他划出显示/言说这一区分的。

（2.1511）的方式，正是这种方式使得我面前的特定情形能让特定命题"p"成真。我们希望做到的是，以适当的方式描述我面前的情形，以使这一情形匹配于命题"p"这一点得以彰显。然而，要想指定使某个命题成真的事态，我们没有别的办法，只能正好用到我们用来表述"p"本身的同一组词语（或者逻辑上等价的一组词语）。

当我们谈起"拿语言与实在作比较"时，我们谈的是我们学语言时学会的某种东西，谈的是由我们在实践中拿命题与世界做比较的方式所显示的某种东西。但是，对于我们设法证实一个特定命题时期待的那种关联，无论怎样尝试在语言之内做出有所揭示的描述，都注定会失败。

形式概念

我们之前考察4.26时，曾考察过维特根斯坦对区分开形式概念（对象、数，等等）与正当概念的坚决要求，以及他由此做出的推论（4.1272），即我们不能像使用"……是一张桌子"之类真正的谓词一样，把"……是一个对象"当作一个等量齐观的谓词来使用，而但凡试图这样使用，结果就会是说胡话。然而，作这个区分的时候，维特根斯坦发现他自己不得不触犯自己设下的禁令。诸如他在4.126提出的说法，一经反思，都按其自设的条件成了胡话。

"6.37……只存在逻辑的必然性"

命题一般形式所容许的必然真理只有一类，这就是空洞的重言式。而《逻辑哲学论》本身的各种说法，既难以视为依何种事态组合存在而成真或成假的偶然事实性的东西，也难以视为空洞的重言式。这些说法看来是作为必然的先天真理提出的，因此不属于命题一般形式所辖的范围，因而是胡话。

绝对一般性的断言

假设我们从基本命题p、q、r出发，组成了这些命题的所有真值函数。如果这三个命题是我们唯一可支配的语言资源,这就给了我们可言说者的界限。给定那些资源,我们将没有办法表达 p、q、r 是或不是一切基本命题的想法。这意味着,如果命题的一般形式即如上所述,我们就无法构成这样一个命题,一个相当于说出了某一给定命题集是一切基本命题的命题。与此类似,我们将无法说出某一对象集是一切对象,无法说出某一事实集是全部事实,就此而论,也将无法说出命题的一般形式是命题的一般形式。但是,如果维特根斯坦想设定语言的界限,那么对这本书的目的至关重要的是,他要运用"事实的总和"(1.1)和"一切基本命题"(4.52)这两个概念。他的阐述因而一再游离至可言说者的界限之外。

语言与世界所共有的东西

最后,根据维特根斯坦的说法,那最不可谈论的东西,正是他整本书看来自始至终谈论着的——命题与实在所共有的逻辑形式(4.12)。

至少从所有这些方面讲,维特根斯坦看来从始至终地在书中说着一些按他自设的标准是不可说的东西。作此尝试的结果必然是说胡话。他在 6.53 说,教哲学的"唯一完全正确的方法"会是一种苏格拉底式的助产流程:你自己并不说出哲学性的东西,只是每当你学生打算说出"某种形而上学性的东西"之时,就想办法让他看出,他未能给自己用到的某些记号赋予意义。然而他在《逻辑哲学论》中明显偏离了这种方法,做了某些据他自己说来是非法的事情。而这对我们该如何理解他的书有怎样的影响,则是我们的下一个话题。

讨论话题

既然不可能有某种能让你"只靠查看"就能看出一个命题是不是逻辑真理的记法,那么这是否有损于维特根斯坦对逻辑的说明,假如有损,那么损害有多大?

　　"科学解释"是真正的解释吗?

　　维特根斯坦对伦理之事的说明站得住脚吗?

第7节　"对于不可说的东西,我们必须保持沉默"

　　《逻辑哲学论》这一节虽然只有这么一句,但是我们仍适合用一整节的篇幅来讨论,因为这是维特根斯坦全部思想收尾之处,而且我们在此汇集了书中提示出哲学之自成问题性的各条线索以及本书的核心悖论,即维特根斯坦至少看上去一直在尝试说出某种按他自己的标准是不可说的东西,因而他说出的句子成了胡话。这与当今关于《逻辑哲学论》的论辩焦点紧密相关,而在一本介绍性的导读中,我们不打算对论辩做出裁决,而是会把已被提出的种种解读选项摆出来探讨。

　　前一节末尾,我们审视了书中引导维特根斯坦把自己的命题贬斥为胡话的各条主线,而我们最后的任务则是看一看,如此的贬斥会对理解《逻辑哲学论》有怎样的牵涉。

　　从某个角度看,该书于命题7所述的结局简单明了:从头至尾跟随其论证思考一番之后,我们终于认识到不可能提出哲学信条——至少,对于维特根斯坦在《逻辑哲学论》集中关注的问题,不可能提出哲学信条予以处理。至于为什么能认识到,我们暂且不下定论:也许是因为我们最终得以看到某种只可被显示的东西——"语言的界限"、"命题的一般形式"、"世界的本质"等——同时我们又认识到,我们所看到的东西无法诉诸言表,而将其诉诸言表的任何尝试,只会导致我们说出胡话性质的句子;但我们认识到不可能提出哲学信条,也可能是因为,我们根本上最终得以认识到谈论这类事情的尝试本身是徒劳的,就连对于存在某种只可显示而不可说者的谈论，也应该当作错觉而予以摒弃。无论究竟怎样，"问题在根本上已经最终解决了"（自序，p. 29）。我们因而在建构哲学理论的尝试上罢手，满足于说出可说的东西——"自然科学的命题"（6.53）。但若说从这个角度看，本书的结局简单明了，从另一个角度看，却深深地令人困惑。

维特根斯坦看上去建构了一种对语言和语言如何与世界相关联的说明，以此解决了所有的语义悖论。但解决的方式不是对悖论提供"径直的"解法，而是说明命题的一般形式，这样一来，依照这一形式，悖论句连构造出来都不可能，根本就作为逾越了"语言的界限"的胡话而被清除了。但与此同时，他把讨论引向一种悖谬性毫不输于原来那些悖论的境地：一旦看出悖论的解法是什么，我们就意识到，那种解法本身出于同样的缘故而无法得以陈述。这一悖论明显因如下事实而恶化，即维特根斯坦一直在说的东西，似乎正是他一直论证为不可说的东西，而我们也似乎同样能读懂他，能为他看起来提出的立场做出支持或反对的论证。正如罗素所言：

> 引起我们犹豫的是这一事实，即维特根斯坦先生毕竟还是设法说了好多不可说的东西。[1]

要把该书摆在我们面前的悖谬情形呈现出来，可以从书中引用这样三句话并予以并列，因为这三句话看起来会形成一个不融贯的三元组。

维特根斯坦在自序中有关《逻辑哲学论》一书有两个说法：

> 一些思想表达在这本书里……书中所传达的真理之为真，在我看来不容置疑，亦无可更改。[2]

在命题 4 中，我们读到：

1　Russell, Introduction to the *Tractatus*, p. 22.

2　Wittgenstein, *Tractatus*, Preface, p. 29.

119

　　　　思想是有意义的命题。[1]

而 6.54 说：

　　　　知我者，最终会认识到[我的命题]是胡话。

120　　这三点论述之间有一种张力，这是显而易见的。同样显而易见的是，维特根斯坦这里不可能只是疏忽了，而必定是故意要让我们面对这一张力。

　　不出所料，对此应该怎么评判已有不少争议，而至少在某一批论者，即"新维特根斯坦派"（New Wittgenstein）的倡导者们[2]看来，《逻辑哲学论》中一切重要的东西都取决于我们对这一问题的回答。虽然我相信，我们后面会考察的第五种解读的某一版本应是该书的正确读法，但一本《逻辑哲学论》研习导读的目的，不会在于提出我自己觉得更可取的解读。相反，我会勾勒出看待这一悖论的不同思路，考察每种解读思路面临的难处：至于哪种解读更接近真相，则交由读者判定。每种解读进路都面临相当多的难处，而对于透彻思考那些难处这一哲学任务来讲，把某种解读判为正确只是一项准备工作。

　　下面我会首先勾勒出五种可能的回应，其中前两种从诸多角度看是最自然却也最消极的回应。这两种回应从各自角度把 6.54 看作归谬论证——还有什么比作者制造出的理论隐含其理论本身的胡话性质，能更确凿地表明作者弄错了呢？很明显，这两种都不是维特根斯坦本人的立场，但我们感兴趣的，本来也不该只有这个简单的诠释问题："维特根斯坦的本意是让我们从《逻辑哲学论》中

1　这要与 5.61 的断然之辞一并来看："我们不能思考我们所不能思考的东西；因而我们也不能言说我们所不能思考的东西"。

2　主要是科拉·戴蒙德（Cora Diamond）和詹姆斯·科南特（James Conant）（例如见 A. Crary and R. Read［eds.］, *The New Wittgenstein*［Routledge：London, 2000］）。

领会到什么?",而还要有进一步的哲学问题:"我们应该怎么回应
这本书?"另外三种回应,则代表对文本的几种照单全收的解读。
我有意不对任何一种解读附上评论过《逻辑哲学论》的作者姓名,
因为我陈述这些立场时,都陈述得尽可能简单而直截了当。若仔
细审视各位评论者的实际讲法,会发现他们提供的解读相当多样,
其中多数都会做一些限定,专门用来克服我们在此会面临的种种
难处。所以,可以把下列思路看作能从中找到正确解读的倾向或
方向之处,而多数评论者提出的说法属于其中某条思路的变体。

1. 无论维特根斯坦本人怎么认为,对于他在该书正文中关于逻辑和
   语言提出的说明,6.54 都构成了归谬论证。

2. 完全从另一个角度,但也还是一种表明维特根斯坦弄错了的角
   度,我们可以对维特根斯坦的结论提出质疑,质疑他对逻辑和语
   言的说明,事实上是否把他说出了他在说的东西这点排除掉了。

121

3. 6.54 对维特根斯坦虽然重要,我们却可以把它当成一个相对次要
   的问题来看。若把《逻辑哲学论》的最后一节仅仅视作一种修辞
   花样,那么仍有很多东西是我们能从该书前面部分收获到或加以
   探讨的。

4. 恰恰相反,6.54 包含了该书的全部要点,其余的一切都是为之铺
   垫。这本著作起一种治疗作用:你先是被诱导把该著作读成仿佛
   是一套有关语言与实在之关联的理论。最终你明白这一理论是
   自毁的,而你一直在考虑的命题将其自身贬斥为胡话性质。你由
   此去除了打算建构这样一种理论的冲动。

5. 维特根斯坦在该书中自始至终关注逻辑的本性,以及语言与世界
   的关联。他的主要关切之一是指引我们看出,这里产生的哲学问
   题的解答是一些无法诉诸言表的东西——无法"说出"的东
   西——但又体现在我们对语言的使用之中。因而,他在表面上陈
   述这些问题的解答之际,始终不得不使用一些无法赋予什么意义

的句子。通过使用这些胡话性质的句子——这些按其自设标准须斥为胡话的句子——他力求帮助我们领会什么是只可显示的，以及为什么只可显示的东西是不可言说的。一旦我们最终看出他努力指引我们看出的东西——一旦我们理解了他——我们就会不再尝试说出我们那些哲学问题的解决方式是什么。

1.归谬论证

虽然维特根斯坦陷入这一境地时心中有数，而且把这一悖谬立场摆在读者面前，也被他视为其主要目标之一，但不管他本人会有怎样的设想，我们在此遇到的情况是所能想象到的最明显的归谬论证。若把一种理论完全廓清会表明这一理论本身是胡话，那还有什么能比拥护这种理论更加荒唐的？

尽管这是很多读者自然会有的反应，但我们这里将只一笔带过。至少就上述思路来看，我们主要想说这是种浅薄的反应。要想让这种反应赢得尊重，只有在如此回应的同时，努力去严肃地驳斥维特根斯坦做出的核心论证，即那些把他引向本书一贯主张的立场的论证。在此应该留意，维特根斯坦为他在 6.54 的说法进行铺垫的论证，属全书最强有力的论证之列。不管怎么说，《逻辑哲学论》是有很多小瑕疵的，而且书中表达的某些想法即便站得住脚，也不会赢得广泛的赞同。但在维特根斯坦对于存在某种只可显示而不可说者的坚持主张背后，那些支持他如此主张的思想，不仅是他最重视的思想，这些思想本身也包含了一种深刻的哲学见解，不能凭任何肤浅的诘难而把它搁置一旁。

2.取道元语言

这里我们主要是要考虑这样一条建议，它起初是罗素在他为《逻辑哲学论》写的导言中提出的：

> 每门语言……都有一个结构,虽然用该语言本身无法就其说出什么,但可以有另一门语言来论述第一门语言的结构,而这另一门语言自身有一个新的结构,而语言的这一阶次体系就可以是没有限度的。[1]

可以肯定,大致是由于罗素在导言末尾提出的这一建议,维特根斯坦才在读了导言的德语译文之后,怒斥罗素所写的全是"肤浅和误解"[2]。但即使罗素提出的建议是"肤浅的",考虑这一建议至少是很自然的。维特根斯坦首次引入存在某种可显示但不可说者的想法是在 2.172,这里维特根斯坦称,如果一幅图画必须与它描绘的情形共有某种东西(某种形式)方能描绘那一情形,那么这幅图画最不能描绘的就是那一情形具有那种形式这一点,因为镜映该情形的形式,乃是这幅图画究竟得以关涉那一情形的一个条件。这幅图画并不描绘而是镜映那种形式。所以,就命题的情况而言,一个命题就不能够说,它表现的情形具有与该命题相同的某种逻辑形式,而是,该命题凭自身把那种形式展示出来。罗素的想法是:也许一个命题本身不能说出它为了能描绘实在而必须与实在共同具有的东西,但另一个命题凭什么不能说出第一个命题只予以显示的东西呢?推而广之,如果有某些东西据称是某门语言所不能说的,因为这些东西是该语言但凡能说点什么就要预设的,那我们凭什么无法把那些东西用谈论第一门语言的另一门语言说出来呢?维特根斯坦之所以遇到显示/言说问题上的困难,完全是由于他试图让一门语言既谈论自身又谈论语言所关涉的实在。于是我们把他的谈论方式换成一种直白地关乎语言的谈论方式。尽管"7是一个数"从维特根斯坦提出的理由来看是胡话,但它貌似有意义的原因完全在于我们把它听成是在说"'7'是一个数字",而后者是一

123

1　Russell's Introduction, p. 23.

2　Wittgenstein, *Notebooks*, p. 132.

个简单明了的经验命题,它说出了维特根斯坦声称只可显示的东西。

在维特根斯坦本人看来,上述建议只是一种错失要点的闪烁其词。下面我要指出几条理由,说明为什么可以认为罗素的回应是不周全的:

元语言命题成功说出了维特根斯坦宣称是不可说的东西吗?

《逻辑哲学论》中成问题命题的这些"元语言"版本所说出的,与我们提出《逻辑哲学论》中相应命题时所试图说出的,是不是同一种东西呢? 诚然,"'7'是个数字"可以视为一个经验性命题,类似于考古学家识别石板上的某些记号时说:"这些记号是数字",而我们也可以认为"'Snow is white' is true if and only if snow is white"("'雪是白的'为真当且仅当雪是白的")是一个有关英语的有意义的命题。不过,倘若对我们在《逻辑哲学论》中遇到的那类句子进行这样的转译,那么转译句固然在某个限度上是十足有意义的句子,但若以为转译句说出了维特根斯坦试图说出的东西,则在同样限度上是一种错觉。如果按这样把转译句看作简单明了的经验性命题,这些句子就只不过是些琐碎的命题,其所谈论的是特定的一门语言。之所以这些句子能貌似充当维特根斯坦的命题的替代品,是因为我们换了一个角度去听这些句子。用维特根斯坦的术语讲(3.32),我们不是把它们听成是谈论"7"这个记号——纸面上的墨迹——而是听成是谈论该符号,即以某种意义而被使用的那一记号。但若把"'7'是一个数字"看作一个我们用来谈论符号的命题,那么"……是一个数字"本身就是个形式概念,那么这句话就像我们一开始的命题一样成问题,而我们就只是在原地踏步了。取元语言路径而行的做法,永远只能告诉我们一些与哲学并无干系的事实,一些有关所使用记号的偶然特征的事实。而符号所具有的本质上、逻辑上的特征,才是维特根斯坦全部的兴趣所在。

是大写的语言（Language），还是诸门语言（languages）？

照罗素那样说，就好像维特根斯坦所着眼的是特定一门语言的结构，如此说来，谈起用一门第二位的语言去讨论原语言就是有意义的。但维特根斯坦自始至终的关切不在于此，他是在问："（大写的）语言是如何可能的？"以及"任何可能的语言必须满足什么条件？"当罗素阐述他自己的类型论时，当他阐述我们如何会因触犯类型限制而说出胡话时，他的角度与维特根斯坦也很类似，同样不是在关心特定一门语言所承认的类型限制，而是打算以这些限制作为能够谈论集合的任何可能的语言都得遵守的限制。我们若想建构一门第二位的语言去谈论一门第一位的语言，那么之前宣称无法用原语言说出的东西，根本就会镜映为无法用第二位的语言说出的东西。

3.忽略 6.54

弗兰克·拉姆齐很多最优秀的作品，都直接受到了《逻辑哲学论》和与维特根斯坦的当面讨论的启发，尽管对于存在可显示但不可说者这一想法，他不想费心思去考虑。拉姆齐的文章说明，即便完全忽视维特根斯坦提出他的命题是胡话这一说法，仍有多少哲学洞见可以得自一种对《逻辑哲学论》的完全直截了当的读解。当然，拉姆齐明白，他这不是在照单全收地读解《逻辑哲学论》原文，而是在能有所收获之处去汲取维特根斯坦的思想。然而他的示范则提示我们，对《逻辑哲学论》给出一种完全忽略掉 6.54 的注疏是有可能的。当然有很多评论者，虽未明言这是他们的实际做法，但正是这样做的。对这一做法，我们可以提出几条捍卫的理由。第一，其可能性是再充分不过的：我们讨论维特根斯坦所说的话，提出支持和反对其观点的论证，似乎没有什么困难。当然第二点是，

对于此书正文,除了一概按其有意义来解读,似乎也没有其他融贯
的解读方式可选:即便对于力主该书全部要点在于其命题是胡话
的人,这一点也成立:我们毕竟全凭后见之明才认识到这些命题是
胡话。第三,有强有力的理由认为,1916 年有过另一版《逻辑哲学
论》,这一版原本会停在命题 6 而不是继续到命题 7,而目前 6s 的
材料是后来添上的:6s 中有不少材料的质量远不如前文令人满意,
也有不少材料难以与前文整合。无论怎么评价维特根斯坦讨论伦
理学的段落,大量评论者索性忽略其在书中的出现,把这些段落当
作无关紧要的论述,并没有真正的哲学趣味(而不顾维特根斯坦自
己做出的估价):那么何不以同样的态度看待 6.5s 呢? 正是在这
里,我们会碰到这一进路的主要难题。

　　伦理学方面的论述与 6.5s 各段之间,有一个重大的差异。该
书前面各部分中,没有什么能引导我们去预料维特根斯坦会在伦
理学方面说些什么,而有关伦理学的段落也的确是最难与前文相
调和的一部分。可是维特根斯坦在 6.5s 尤其是 6.54 提出的想法,
却得到了精心的铺垫,作为该书主要讨论的自然结果而出现。当
我们浏览笔者前一节评论 6.54 时列出的种种考虑时,我们会看到,
这些考虑所处理的,一概是对于维特根斯坦贯穿全书的关切具有
核心意义的论题。与维特根斯坦有关伦理学的论述不同,他在 6.5s
中,完全是凭他自始至终为之论证的关键立场而推出了最终结论:
若如他所强调,他设定命题一般形式的一个目的是确立语言的界
限,那么这正会使得他用来确立那些界限的命题一直在逾越其所
确立的界限,这些命题因此才落在界限两侧当中错误的一侧,因而
成了胡话。我们要想忽略 6.54,似乎只有我们不去做维特根斯坦
所做的事,不去把我们的观点彻底想通才行。

4."治疗性"读法(A 'therapeutic' reading)

我们下面要考虑的读法近来受到很多关注。这就是对《逻辑哲学论》的所谓"新维特根斯坦派"读法[1]。与上一种读法形成鲜明反差的是,这种读法把 6.54 奉为全书的关键。该书可以被认为126有两个部件——先是一部框架,主要包括自序和 6.5s(尤其是6.54),然后是囊括在框架内的该书其余部分——两个部件当中,框架会为我们理解《逻辑哲学论》的全部旨趣提供指导。我们充分严肃地对待维特根斯坦的如下说法,即该书大部分命题是胡话,并且我们强调,胡话就是指胡话——不知所云的呓语——我们还强调,最终达到本书的目的,是在驱散了以为那些命题有意义的错觉之时(此时读者最终理解了维特根斯坦,而非理解《逻辑哲学论》的命题,因为并没有理解胡话这回事)。该书有一种"治疗"目的,疗法似乎大体如下:读者先被诱导着"直截了当地"读这本书,把它读成是对命题以及命题如何与世界相关联的说明。这一说明最终自行瓦解,最终成了它自设的标准所规定的胡话。读者一旦明白了这点,就打消了原来的冲动,不再想要把他们似已着手进行的那种探究继续下去。于是他们就能"正确地看世界"了,因为他们恢复了对于我们日常语言的满足感,不再想要建构一套形而上学理论去支撑日常语言。《逻辑哲学论》的种种"传统"读法所从事的是某种双重思维(double thinking),这些读法莫名其妙地认为既有可能接受《逻辑哲学论》表面上摆出的主要信条,又有可能同时相信表达那些信条的句子是胡话性质的。而我们则必须把维特根斯坦理解为"决绝的",把他说的"把梯子扔开"的意思,严格理解为把梯子扔

---

[1] 代表性文集可见克拉里(Crary)和里德(Read)所编《新维特根斯坦派》(*The New Wittgenstein*)一书。

开——把读出该书正文的任何意思的任何打算都放弃掉。我们尤其要克服一种错觉,即以为有什么"可显示但不可说"的东西。

这种解读《逻辑哲学论》的方式所显出的可信度,大多源于我们想给出另一种读法的一个完全理想的版本时碰到的种种难处,这另一种读法被我们眼下考虑的读法的倡导者称为"传统读法"。我虽然不想轻描淡写那种读法所面临的难处,但在我想来,眼下这种读法有它自己更大的难处。

外部证据

这种读法初一看似乎立于不败之地,因为凡是《逻辑哲学论》中看上去与这种解读相冲突的段落——比如说维特根斯坦强调有某种可显示而不可说者的段落(4.121、4.1212、6.522)——都可以完全当成梯子的横档而放弃掉,毕竟梯子是必须扔开的。但这种解读有个压倒性的难处,这就是它明显不可能与维特根斯坦本人谈到、写到《逻辑哲学论》的内容所构成的那些外部证据相吻合:任何毫不含糊地支持这种解读的论述都很难找到,却不难找到一大批似乎与之冲突的论述。这点从各方面证据看都是如此,无论我们考虑的是维特根斯坦在其中为《逻辑哲学论》做准备工作的《1914—1916 年笔记》,抑或是他给罗素和拉姆齐讲解《逻辑哲学论》时的种种说法,抑或是他在 1930 年代早期对《逻辑哲学论》思想的阐发和修正,抑或是他接下来以《逻辑哲学论》的思想作为自己先前的观点而对其进行的各个角度的抨击。仅举一例:罗素曾就《逻辑哲学论》提出各种问题,包括这样的诘难:"同样有必要给出这样一个命题,即一切基本命题都已给出了",而维特根斯坦在答复罗素所提问题的回信中,就这一点说道:

没有这个必要,因为给出这样一个命题根本就不可能。

> 没有这样的命题！一切基本命题都已给出，这是由没有哪个
> 有一种基本意义的命题尚未给出这一点显示出来的。[1]

除非维特根斯坦的的确确认为有可显示而不可说之事，否则上述
说法是无从理解的。但问题还不大在于这条或那条论述难以协调
于"治疗性"读法；问题在于，与这种理解格格不入的论述很多，而
且各式各样。

"框架"是什么？

这种解读完全有赖于把几条论述单拿出来当成"框架"，当成
是维特根斯坦亲口对我们讲的话，并以此对照于其他命题，即那些
终会被读者认出是胡话的命题。而在实际操作中，这种解读并没
有把框架当成是只包含自序和6.5s，而也视为包括4.111~4.112或
5.4733等一些散见于全书的段落。难以看出的是，有没有一种原
则性的方式能说明为何偏偏是这些论述能单拿出来，以及维特根
斯坦又为何把这些论述仿佛是随机地穿插到"胡话性质的命题"之
间。对于4.111~4.112这样的段落，这一问题看来尤为严重，因为
按一种自然的理解，这几段是作为从属于4.1开始的一条思路的阐
发而出现的，是在一个包含了应作为胡话而被拒斥的命题的论证
之后，作为其结论而出现的。对这个问题的回答最好不要是说，这
些用来组成框架的论述之所以单拿出来，仅仅是因为解读者觉得
这些论述合自己的心意。

同样，6.5到6.54这一系列论述，虽然最容易读作是支持我们
眼下正在考察的读法，但我们通读一下就发现，维特根斯坦在这一
系列的中间即6.522处宣称，存在不可表达但显示自身的东西。若
按照"新维特根斯坦派读法"，6.5s的本意是在读解《逻辑哲学论》的

128

进路方面为读者提供指导,那么既然 6.522 应该完全当成胡话性质的东西而抛弃掉,这一段的侵入似乎就使维特根斯坦的谋篇布局显得不可理喻了。更妥当的做法看来还是另找一个角度来读解 6.5s。

所谓的"疗效"该如何达到?

无论遭到"新维特根斯坦派"摒弃的"传统"解读有多么难以填充细节,我们还是能相对容易地按传统解读来大概说明作者打算让《逻辑哲学论》如何起作用:维特根斯坦想要向我们传达某种无法诉诸言表,但由语言的工作方式所显示的东西。为此,他表面上把不可说的东西说出来,借此指引我们去看那些只可显示的东西:而我们一旦看出他在努力引导我们去注意的是什么东西,就会意识到这种东西无法用维特根斯坦所用的句子恰切地表达出来,任何据称能说出它的句子其实都会歪曲它:实际上,我们被引导去注意的东西,恰恰把用来引导我们去注意这种东西的句子贬斥为胡话。可是按我们眼下考察的这种说法,其解释中就出现了缺口——从没有什么东西显示给了我们——而这一缺口也很难说清该用什么去填补。我们怎么一来就认识到《逻辑哲学论》的命题是胡话的? 唯一的回答似乎是,这些命题一旦被当真,就以某种方式自相驳斥,或者说一旦当真就意味着其胡话性质。可是如此一来,这种说法就与传统读法一样,都难以解释"被当真"这话用在毫无意义的句子上是什么意思——同样也难以解释,把毫无意义的命题说成是意味着什么东西,又是什么意思。且不论这一层,单说句子自相驳斥或意味着自身的胡话性质,这也并不表明那些句子是胡话:这至多表明那些句子为假。

但即使我们能令人满意地回答上述那些问题,实实在在的问题仍然有待回答:"不论《逻辑哲学论》的命题到头来因为什么成了胡话,这些命题是胡话这一点怎么就有了治疗价值呢?"毕竟,自我驳斥的形而上学理论,乃至按其自设条件成了胡话的理论,在哲学史上不算少见。特别来说,证实原则(the Verification Principle)就受困于一个难处,即难以用它自身规定的有意义条件说明它自身有意义——却从没有谁看出证实原则有什么治疗功能,即类似于此处分派给《逻辑哲学论》的那种功能。

一个价值判断

下面要说的这点算不算一个难处,取决于对《逻辑哲学论》中什么东西有价值的判断。但这无疑是有些哲学家不仅拒斥而且敌视这种读法的主要缘故。无论哪种读法都会认为,维特根斯坦在《逻辑哲学论》的阐发中犯了一些错误,但考虑到他是在奋力破解一些最深层的哲学问题,犯那些错误都是可以理解的。无论是谁,只要读读《笔记》,都会被他穷究命题与逻辑的本性时那种严肃认真的劲头所打动。他这番努力的结果是一系列深刻的哲学洞见,收录于《逻辑哲学论》的正文部分。假如设想他要求我们以实施一种稀奇疗法的名义,把那些洞见干脆丢掉,那就仿佛是让我们设想他做出智性上的自杀举动。无疑,与那些洞见相比,实施这种疗法有可能显得格外无足轻重。而这种疗法似乎也是格外无效的:1929 年,他刚一回归哲学,就写了一篇文章[1],在文章中继续做那项会被"疗法"摒弃的探究工作,仿佛什么也没发生过。不但如此,他继续探究时甚至不再像他在《逻辑哲学论》里那样,自始至终不断暗示这样的探究有某种自成问题的东西。

130

5."传统"读法

我称这种读法为"传统"读法,因为我们刚才考察过的"新维特

1　L. Wittgenstein, 'Some Remarks on Logical Form', *PAS* Supp. vol. 9 (1929):
162-71.

根斯坦派"就是用这一称号来称呼这种读法的。不过这个称号不应该让人无视这一事实，即虽然很多评论者都提出了我们正要考虑的这种立场的某一版本，但这些评论者之间又有相当大的差异：不过考虑到把这里要说的东西阐述得前后一贯所需要克服的种种难处，不同版本的差异是完全可以理解的。这个读法虽是最为自然，也最为契合维特根斯坦写给罗素的信里对他的命题的解说，但我们在此面临的困难是极大的。实际上正是由于这些困难，才产生了《逻辑哲学论》的其他四种读法：这四种读法各自有别，但都能快刀斩乱麻地解决维特根斯坦在此向我们摆出的难题。（对于此处出现的难题，你若以为维特根斯坦自己有干净利落的解法，那就错了：远比这更有可能的是，他正想要把一个悖谬情形摆在读者面前，因为对这一情形，他同我们一样感到难解。）

　　这种读法认为，在维特根斯坦看来，存在着一些无法诉诸言表之事：一些可显示但不可说之事。有一些东西体现在我们对语言的使用上，但这些东西对那种使用来讲是预设的，是不能在语言之内说出来的。他这本著作的大部分目的，既在于指引我们看到那些不可说的东西，同时又在于指引我们看出它为什么不可说。一旦领悟了他的意思，我们就会"扔开梯子"；这是说，我们会认识到，我们领悟的东西无法以一种形而上学信条的形式来表达，还会认识到，虽然维特根斯坦看样子把自己的观点表达成一系列形而上学信条，但那仅仅是一个有待克服的阶段。他自己一直在逾越他想让我们认识到的"语言的界限"，结果说出了被那些界限贬斥为胡话的句子。一旦弄懂了他的意思，我们就会摒除说出不可说之事的诱惑，并遵从他的指令，保持沉默。

　　下面来讨论这种读法面临的两个难处。这两个难处常被混在一起，但两者并不相同，最好还是分开处理。"新维特根斯坦派"大多力陈第一个难处，不过带来更严重困难的其实是第二个。

胡话就是胡话

既然我们认识到《逻辑哲学论》的句子都是胡话，那我们怎么能声称我们不只是有一种错觉，一种以为理解了这些句子的错觉呢？用"新维特根斯坦派"的话说，我们若是"决绝的"，就会明白并没有理解胡话这回事，也就会认识到，一旦读懂了维特根斯坦，那么对于前文的句子，对于维特根斯坦在其中看似向我们说明了语言如何与实在相关联的句子，我们唯一要做的是斥之为呓语，斥之为仅仅是貌似向我们讲了些有意义的东西。新维特根斯坦派指控说，谁若是坚持认为我们在《逻辑哲学论》正文的指引下认识到了某种东西，或者谁若是坚持认为，维特根斯坦最起码打算以此让我们认识到某种东西，那他就是表态支持一种蛮不讲理的观点，即存在着"有意义的胡话"。

然而，指控那些拥护《逻辑哲学论》传统读法的人，说他们表态认为有这样一种"有意义的"或"实质性的"胡话，或者指控他们表态认为最起码维特根斯坦觉得有这种东西，这些指控都属于略带恶意的丑化。当然没有人，或几乎没有人想要说，存在着有意义的胡话，所以这一指控的内容必定在于上述想法是支持传统读法的人所默认的，无论他们自己是否意识到了。而我们在此要牢记这样一个区别，即一句话有什么意思与我们怎么使用它的区别。问题不在于："一句胡话是否有什么隐秘的意思？"而在于："我们能不能用一句自认不讳的胡话来交流点什么？"对后一个问题，直截了当的回答无疑是"是"：只要在适当情形下，什么都可以用来交流点什么——连揪揪鼻子都可以。不过这个回答还是来得太快。我们毕竟是在讨论言语交流，更何况我们无论在言语交流中了解到什么，当然都只能借助交际所用的话语，以及至少凭我们表面上听懂了别人所说的话去了解。这又如何可能呢？我们怎么能用胡话句

子来交流呢？对这一问题的回答起码可以从一个事实开始，这就

132   是我们其实总是在这样交流着。语言的比喻用法中，有无数的例
子用到了毫无字面意义的句子：姑且任举一例，不妨看看《远大前
程》里文米克是怎么概括贾格斯这个人的：

> 文米克说："像澳洲一样深。"说着便用笔尖指指办公室的
> 地板，表示假如用个比喻形容一下，澳洲正好是在地球的另
> 一边。
>
> 他提起笔来，又补充了一句，"如果还有什么东西比澳洲
> 更深，那除非就是他。" [1]

也许可以辩驳说，文米克这时是在特别的比喻意义上用这些词，所
以不是在使用胡话句子；或者辩驳说，一个人打比方的时候，我们
原则上可以换种说法把他的意思说出来。但两种辩驳都建立在有
关比喻之可能性的粗糙的理论上，而且第二种辩驳无疑是乞题的。
假如运用比喻的目的，是带我们看出某种依前提即不可说的东西，
那我们自然无法把比喻直译出来。没有什么理由在一般层面上认
定，更不用说在上述个例中认定，一个人打比方时所传达的东西必
然是命题性质的。不过这还只是回答的起点：比喻有无数多种类
型，而要完整回答上述问题，仍须详细说明比喻这种不寻常的用词
方式是如何起作用的。

看看弗雷格在与维特根斯坦有些类似的情形中说了什么，在
此或许有所帮助。（此前弗雷格已经论证过，"……为真"这一谓词
是多余的[如"'p'为真"的意义与"p"的意义完全相同]，并且因
此，"真"这个词严格来讲不能标示逻辑的本质）：

> "真"这个词似乎使不可能成为可能：它使那对应于断言
> 力（the assertoric force）的东西得以呈现为对思想（the thought）

---

1   Charles Dickens, *Great Expectations*, chapter XXIV.

的一份贡献。而虽然如此呈现的尝试失败了，又抑或正是通过它的失败，它却标示出了逻辑所特有的东西。[1]

维特根斯坦是在试图传达不可说之事，因此他说他所说的话时，那些话在捕捉他想要传达的东西方面并不奏效，但这些话如何不奏效，以及其不奏效这一事实本身，也许倒足以带我们看到那些只可显示的东西，并看出它为什么只可显示。

"只可显示的"是什么？

虽然反对传统读法的人极力强调我们刚刚考虑过的难处，但其实第二个难处造成了大得多的困难，我们下面就对此加以考虑。显示给我们的东西到底是什么？最为明显的错误说法是像这样："如果有无穷多个对象，那么我们不能说有无穷多个对象：这一点要显示给我们。"这是"新维特根斯坦派"著作中能遇到的对传统读法的第二种丑化。[2] 但那种说法明摆着是很荒谬，在此可以对比维特根斯坦本人在给罗素的信中做出的更谨慎的解说：

> 你想用"*存在着两个东西*"这个貌似的命题**说出**的，是由存在着意谓不同的两个名称（或者由存在着某个可以有两种意谓的名称）这一点**显示出**的。[3]

1　G. Frege, *Posthumous Writings* (ed. Hermes, Kambartel and Kaulbach; trans. Long and White; Blackwell; Oxford, 1979), p. 252.

2　关于新维特根斯坦派对传统读法的这一丑化，作者应译者请求作了如下补注："新维特根斯坦派"所做的这种丑化，意在指责传统派读者把维特根斯坦放在了一种全然混乱而前后不一的立场上，其思路大致如下："维特根斯坦先是说了些东西，然后接着说他刚说过的东西是某种不可说的东西，又说虽然'可显示的东西是不可说的'，但他一开始说的东西，又有着与某种只可显示的东西相同的内容。"这说起来颇为纠缠，但这是由于在我看来，"新维特根斯坦派"的诠释者对传统派读者提出的指责，就是认为传统派读者把如此纠缠的观点归于维特根斯坦。

3　Wittgenstein, *Notebooks*, p. 131.

显然，"显示给我们的是什么"这一问题不能是在要求我们说出那不可说的东西，而应是要求我们对于理当显示给我们的那一类东西予以刻画。这一问题的难处在于，凡是较为自然的回答——无论是说我们的注意力被吸引到一件无法用言语捕捉的事实上，还是说它被吸引到一个不可言说的真理上[1]——似乎都为我们所投身的整个探究计划所不容。毕竟，世界是事实的总和，而"语言的界限"与凭那些事实而成真或成假的命题集是同外延的。"陈述事实"正是语言能够做到的事情。无论所显示的是什么，说它是又一件有关世界的事实，这总是错误的回答。这个问题才是我们读解《逻辑哲学论》的真正挑战（前提是我们把维特根斯坦的论证当真，不只把它当成如何注疏《逻辑哲学论》的问题，更把它当成一个自身成立的哲学问题）。

有一种好听的说法是，显示给我们的并不是又一件事实，而是事实之内的一种式样（pattern），可难处是要想清楚，怎样才算是谈论这样一种式样而不把它弄成又一件事实。也许当维特根斯坦谈到内在关系与属性这种典型的只可显示者时，他本人有过类似的想法，这时他写道：

134

> 4.1221 一件事实的内在属性，我们也可称之为该事实的特征（这里的"特征"取我们说面部特征时的那种意义）。

讨论话题

上述哪种解读《逻辑哲学论》的进路在你看来是最理想的？

对于你选取的这种进路，你会怎么处理它所面临的难处？

我们能用胡话句子来传达些什么吗？

---

1   但请注意，维特根斯坦在 5.62 无甚顾虑地说起"一条真理"（*eine Wahrheit*）。

可显示但不可说的东西是怎样一种东西?

到这里,我们既已爬梳过该书的大部分细节,再从头至尾读一遍《逻辑哲学论》是有好处的,此时尤其要自问,这次读到的东西有多么符合你对上述问题的回答。

接受与影响

要说明《逻辑哲学论》的接受与影响,可以自然地分两部分进行。一部分是该书对其他哲学家的影响,另一部分则是《逻辑哲学论》在维特根斯坦本人思想的后期发展中得到的对待。

分析哲学

我们要考虑的第一点是很一般性的,它不单单与《逻辑哲学论》有关。19、20世纪之交,一种新的哲学思考风格首先出现在弗雷格的作品中,但随即又出现在罗素、《逻辑哲学论》、F.P.拉姆齐、G.E.摩尔和稍晚的鲁道夫·卡尔纳普的作品中,而后面这些作品得到了"分析哲学"的称号,其风格主导了大部分的英美哲学。看待《逻辑哲学论》的一个重要角度,就是把它视作分析哲学的创始文件之一。分析哲学出名地难以定义,几乎找不出哪条哲学学说可看作所有自视为分析哲学家的人所一致主张的。反复出现的是一些倾向,比如说认为逻辑对哲学有根本的重要性,以及认为在研究某一特定题材产生的哲学问题时,有必要对我们用来讨论这一题材的语言加以分析;但与其把分析哲学视为一套哲学学说,不如把它更多视为一种影响传统和心智习惯,其中更看重的是严格的论证,是对所论证的立场的准确陈述,是对表述哲学问题所用的语言的关注,而不是宏大哲学体系的建构。虽然从来不可能把维特根斯坦视为典型的分析哲学家,但《逻辑哲学论》和上述其他哲学家的作品一同具有的重要性,一部分就在于它曾促使分析哲学以其实际成形的方式成形。

弗雷格

与上文相连的是另一点考虑,这一点初听上去像是对《逻辑哲学论》的明褒暗贬。弗雷格的许多关键学说能为一般哲学界所知,很大程度上是经由《逻辑哲学论》。虽然今人普遍把弗雷格视为哲学史上意义最重大的人物之一,但他曾长期籍籍无名。直到第二次世界大战后,很大程度上借助彼得·吉奇和迈克尔·达米特的工作,弗雷格今天的声誉才得以确立。弗雷格一生中深刻影响过当时的许多大哲学家——罗素、胡塞尔、维特根斯坦、卡尔纳普——但除此之外,他的工作并未得到多少关注。结果在很长时间里,弗雷格对哲学思想的影响大多是间接的,而他的思想能为人所知,是通过这些远比他知名的哲学家对其思想的采纳。弗雷格的许多关键学说在《逻辑哲学论》里有着核心性的意义,而这些学说首次在哲学界广受认可,很大程度上正是由于它们出现在了《逻辑哲学论》里面。这里可以提到"语境原则"(3.3);组合性(认为命题的意义是命题所包含的词语连同这些词语之组合方式的函数)(4.03);以一个命题的成真条件来解说该命题的意义(4.431);以及后人所谓的"语言转向"(认为要回答"数是什么?"一类问题,正确的进路是先问问:"数字有怎样的职能?",并认为,回答这个先来的问题又至少要从回答如下问题入手："数字对于出现数字的句子的意义有何贡献？"）。这些思想中的每一条都在整个 20 世纪广有影响。这些思想在《逻辑哲学论》中同样具有核心意义并极受重视，不过维特根斯坦阐发这些思想的角度与弗雷格运用它们的方式并不相同，乃至有时应该不会让弗雷格本人满意。考虑到弗雷格的著作那么久都不太知名，其思想的重要性能普遍为人所知，很大程度上应归功于《逻辑哲学论》。提到这点或许像是小看了维特根斯坦自己的成就，但维特根斯坦确实是认识到弗雷格的工作有这些方面的重大意义的第一位哲学家。我们把维特根斯坦看成是如此接手了弗雷格的一系列思想，并对其意义施以自己的解读，这并不是对他本人声望的贬低，反而能帮助我们理解他的天赋才能，理解他所做工作的根本性质。

137

《逻辑哲学论》之为哲学确定议程

在讨论《逻辑哲学论》对逻辑实证主义者等特定哲学家的特定影响之前，《逻辑哲学论》还有一方面影响容易受到忽视，因为这方面在某些哲学家那里所起的作用是无意识的，而这些哲学家在其他方面与维特根斯坦并无一致之处，也会拒斥维特根斯坦在《逻辑哲学论》里的很多论述。我们可以把《逻辑哲学论》看作为哲学确定了新的议程，因为这本书提了很多重要问题，其重要性是连那些对维特根斯坦本人的回答会有所不满的人也都承认的：这些问题包括伦理命题的有意义性（6.4s），对因果必然性可做出的说明（6.37），对内涵性语言予以外延式分析的可能性（5.541），以及意义最重大的一个问题，就是形而上学语言的成问题性。其中许多问题本有另一种已经熟悉的面目：很显然，休谟对于因果必然性提出的怀疑论早已众所周知。而《逻辑哲学论》的新意在于，它提出这些问题是从语言角度着眼的——是针对解释某些语言用法时的困难的。

特定影响：罗素、拉姆齐与逻辑实证主义

谈起《逻辑哲学论》的特定影响，我们不如从这样两个人讲起，他们是《逻辑哲学论》写作期间以及紧接着的时期里，维特根斯坦与之过从最密的两位哲学家。就罗素而言，无论如何可以肯定，在他和维特根斯坦的这一思想阶段中，他们各自都向对方施加了重大的影响。由于那种影响大部分应是通过直接讨论和交谈而发生的，所以到底是谁影响了谁，常常很难知道。不过我们的确知道，正是在维特根斯坦的压力之下，罗素才最终认可逻辑真理是重言式，但即便如此，我们仍不清楚罗素对这点的理解是否与维特根斯坦完全一样。就两人互相影响而言，最明确的一例或许是逻辑原子论的发展：读者若有兴趣，不妨对比一下《逻辑哲学论》与罗素1918年一系列演讲中的阐述，这一系列演讲就称作《逻辑原子主义哲学》，罗素说它"很大程度上着意于讲解我从我的朋友路德维希·维特根斯坦那里学到的东西，而他原本是我的学生"。

就弗兰克·拉姆齐而言，维特根斯坦和《逻辑哲学论》对他的影响是明显且深入的。拉姆齐不幸于26岁英年早逝，生前曾与维特根斯坦有过大量讨论，在自己的工作中也采纳了维特根斯坦在逻辑学方面的许多洞见。他最好的论文里，有很多篇都明显受惠于维特根斯坦和《逻辑哲学论》，他还明确以1925年的长文《数学的基础》（"The Foundations of Mathematics"）作为一项尝试，力图把维特根斯坦在《数学原理》中发现的缺陷去掉，从而重构《数学原理》。

1927年，莫里茨·石里克说动维特根斯坦去参加"维也纳学

派"各位成员,即逻辑实证主义的创立者们主持的讨论。维特根斯坦对于逻辑实证主义的发展方向,尤其是对石里克和卡尔纳普的思想,一度都有过很大影响。但就实证主义者而论,固然要讲他们如何赞同《逻辑哲学论》的观点,但同样重要的是强调哪些地方是他们所不赞同的。我先要提一个主要的分歧:维也纳学派对《逻辑哲学论》核心思想做了认识论的诠释。而对于认识论,《逻辑哲学论》原书几乎没有表示出什么兴趣(参见 4.1121)。在维也纳学派那里,维特根斯坦原本按成真条件对意义做出的解释,实质上被置换成了按证实条件(verification conditions)做出的解释,而维特根斯坦的基本命题,实质上也被置换成了基本观察句(basic observation sentences)。虽然这样置换会对读解《逻辑哲学论》带来很大影响,会使维特根斯坦的一些主要论证不再成立,但这一误读或许也是可以理解的,毕竟到那一时期,维特根斯坦自己也渐渐接受了证实原则,而这当然会对他本人如何解说《逻辑哲学论》的思想产生影响。这种转换的效果是使维也纳学派某些成员持有的逻辑原子论,在许多方面更近于罗素的阐述而非《逻辑哲学论》。另一个重大分歧,则涉及维也纳学派认为维特根斯坦所秉持的"神秘主义"(参见 6.522):逻辑实证主义者们对"可显示但不可说之事"的想法大为惊骇。他们不光完全反感这样的想法,还或对或错地产生疑心,觉得形而上学由此就从后门偷运回来了。然而尽管有这些差异,尽管他们做哲学的整个进路与维特根斯坦完全不同,我们仍可留意到,下面这些思想至少在维也纳学派一部分人那里很有影响。第一点,也是最重要的一点,即是对形而上学之可能性的拒斥。实证主义者的极端经验主义已使他们深感形而上学的可疑,但《逻辑哲学论》则又给了他们一个想法,即可以基于语言方面的理由来剔除形而上学:从意义理论出发考虑,会显示出形而上学断言的胡话性质。与此相连的是采纳这样一种哲学观,即认为哲学在于分

139

析——在实证主义者那里主要是对科学语言的逻辑分析。另外两个值得提到的想法是：（1）采取一种原子论的语言观：认为有可能从一组基本命题建立起所有复合命题（不过如上文所提到，在实证主义者那里，基本命题应会是在认识论上基本的命题），以及（2）认为逻辑真理什么也没说出，不过这在他们那里又被诠释成逻辑真理是凭约定为真，或曰全凭语言中的种种约定为真的。

维特根斯坦后期哲学视角下的《逻辑哲学论》

维特根斯坦重返哲学

1929 年，维特根斯坦回到剑桥大学，而他在剑桥最先写出的著述——《关于逻辑形式的一些看法》（Some Remarks on Logical Form）这篇文章以及《哲学评注》（*Philosophical Remarks*）这部著作——都明确标志着他的思想开始了一次转变。1929 年的文章中，他主要关注"颜色排斥难题"——"这片区域既全是红的，又全是绿的"这句话看上去必然为假，但在此看来，这一不可能性又无法只用真值函数装置来解释。到这时，他对他在《逻辑哲学论》中的相关说法（6.3751）清楚而正确地表示了不满，认为不可能对这样的命题做出能揭示其背后真值函数结构的分析。在他这一阶段的思考中，他努力在不放弃《逻辑哲学论》基本观点的同时，调整《逻辑哲学论》的阐述，以使其能够容许基本命题可能互不相容的情况。

《哲学评注》的情况就比较复杂，常常看不出他是在设法修正《逻辑哲学论》的阐述，还是在推翻它而改持完全不同的观点。"颜色排斥难题"仍然困扰着维特根斯坦，但他还朝着推翻《逻辑哲学论》最根本方面迈出了远为重大的一步，这就是他不再相信可以纯

140

粹归结到真值函数来说明概括性和量词[1]。他在这点上若是对的，那么与担忧基本命题的逻辑独立性相比，这对于《逻辑哲学论》来说会是一种严厉得多的批评。这会直指他早期著作许多根本方面的要害：尤其是，他会因此不得不放弃他对命题一般形式的说明以及他刻画事态的方式：如他所言[2]，他现在不得不承认，存在着所谓"不完整的基本命题"，这种命题很可能无法再应答于全然确切的事态，而正是这样的事态形成了《逻辑哲学论》整个阐述的根本基础。相比之下，颜色排斥难题方面的担忧是相对次要的，毕竟这个难题有两种方式可以妥善处理，即要么找到一种办法对颜色命题做出更令人信服的真值函数分析，要么在字句而非实质层面去调整《逻辑哲学论》对逻辑真的说明。

他在《哲学评注》的开篇处写道：

> 我现在不再把现象学语言，或者我所谓的"*初始语言*"（primary language）当成我心中的目标。我不再认为这还有什么必要。一切有可能、有必要去做的，无非是在我们的语言里划分开本质的东西和非本质的东西。[3]

虽然这里提到的是"现象学语言"[4]而不是《逻辑哲学论》的充分分析形式的语言，但这些论述只要经过适当修改，也适用于《逻辑哲学论》本身。单独拿这些论述来看，似乎能看出一点要开始以全新方式做哲学的意思。但是，仍有很多论述的性质极不明确，给人的印象是他那一阶段尚在挣扎：我们无法确定他究竟是在试图修正《逻辑哲学论》，还是想推翻它，并把他早期的进路改换成某种截然不同的东西，也无法确定如果要改换，那么到底改换成什么。

141

1　尤其见 Wittgenstein, *Philosophical Remarks*, section IX.
2　同上，p.115。
3　同上，p.51。
4　一门"现象学语言"即命题在其中被分析为描述直接经验的命题的一门语言。

只有到了《哲学评注》之后的著作——《哲学语法》、《大打字稿》——他后期哲学的某些标志性立场才开始显露，对《逻辑哲学论》的思想的关切才逐渐退入背景之中。而他下一次与《逻辑哲学论》的思想相对峙，则是在《哲学研究》中。

《哲学研究》视角下的《逻辑哲学论》

《哲学研究》的发行对《逻辑哲学论》的声誉不啻于灾难。前言中，维特根斯坦说：

> 自从我十六年前重新开始从事哲学以来，我不得不认识到我写在那第一本书里的思想包含有严重的错误。1

接下来，在该书靠前的段落中，《逻辑哲学论》的一系列学说开始受到他持续的批判。虽然《逻辑哲学论》的书名只是偶尔才被明确提到 2，但这些段落读来无疑像是在废除他前一本书最有特色的思想。由于这点，读者会产生一种把《逻辑哲学论》视为只有历史价值的心态：对一本书来说，什么样的宣传，能比作者自己与该书基本立场划清界限更为负面？就早期和后期著作有连续成分而言，这些连续成分一旦摆脱了现已名声不佳的伴随成分，就会在后期著作中得到更好的保存。但是，实情比这里提示的要复杂得多，而在此过程中，早期著作的许多最深刻的洞见，都有完全遭到忽视与错失的危险。

我们先来考虑他的哲学有哪些连续成分与非连续成分的问题。对此可以找到五花八门的解读，有些解读认为《哲学研究》根本推翻了他的早期哲学，把早期哲学视为哲学家易于造出的那类

1　Wittgenstein, *Philosophical Investigations*, p. x.

2　具体是在 §23、§46、§97、§114 这几节中提到。§65 也应算在内，因为其中虽未提到《逻辑哲学论》，但明显是涉及这本早期著作的。

神话幻想的一例,也有些解读强调了深层的连续成分。我本人从前也不像现在认为有那么多的非连续成分。这样说看来是不会有错的:维特根斯坦依旧认为,哲学问题的产生是由于我们误解了语言的工作方式,而这些问题的消解,则是通过细心留意语言实际上如何工作。然而他的语言观经历了彻底的转变,结果,发现语言实际上如何工作的任务,不再能归结为揭示那种语言的深层结构,而是要采取另一种形式,即对特定哲学争论所涉及的语言进行远为细碎的审视:最重要的是,他明确摈弃了《逻辑哲学论》的一个最关键的要素,即认为存在着一种"命题的一般形式"(《哲学研究》,§65)。至于很多别的关键论题——是否仍把命题视作图画,或是否仍认为有可显示但不可说之事——维特根斯坦索性未置一词。

142

《哲学研究》前面一些段落中对《逻辑哲学论》的批评,本意若真是批评,则令人大惑不解:这些批评常常显得太没有说服力了。《逻辑哲学论》的真实观点似乎遭到丑化,而为这些观点实际提出过的论证,要么根本未予考虑,要么也是以粗糙的丑化形式提出的。接下来他反对这些观点的论证,一般都只反对了丑化后的观点。请看最糟糕的一例:他在§48举了一个有色方格阵的例子,把它例举为"《泰阿泰德篇》中的表述"在其中"说得通"的一个命题,这也意味着(§46)他本人对基本命题的说明能在其中说得通。但他实际上为基本命题规定的条件中,没有一条是这个方格阵所满足的[1],而他接下来讨论这个例子时,也只提出一些对该例不同于基本命题的实际情况之处予以反对的批评。这样的段落给人一种深刻的印象,仿佛完成《逻辑哲学论》以来的二十多年里,维特根斯坦一直在沿如此迥异的各条路线思考,此后已无法完整回忆起他

1　要注意的一点是,他在§48完全无视《逻辑哲学论》对命题记号乃事实而非复合物这一点的坚称(3.14),而他全部的批评都针对着被视为复合物的命题记号。

从前说了什么，以及为什么那么说了。

　　不过，也许维特根斯坦很大程度上更有兴趣探讨一个观点，而不大在意那个观点是不是自己的早期观点。但有一处不是这样的：这就是他拒斥了命题一般形式的存在（§65）。在此，他又一次不理会他在《逻辑哲学论》中对存在一种一般形式提出的论证（4.5），而他探讨这个观点的口气，就仿佛那是他以前的一个欠考虑的假定一样。他在《哲学研究》中的做法，无非是把存在着的极为多样的语言用法摆在我们面前，要求我们问一问，是否可以令人信服地认为它们竟都遵从一个简单的内在模式，例如他在《逻辑哲学论》中所想见的模式（§18、§23）。依我看，这里我们能提出有力的理由说，他之前的思想也许比后来的思想更接近真相。对这一点，此处不是展开论证的地方，不过我要提示两点以供考虑。首先，维特根斯坦在《哲学研究》里，没有区分一句话的意义与我们对这句话的用法，而他在§23所阐明的多样性，也大多是用法而非意义的多样性。第二，我们大可以主张，语言如果没有某种简单的深层系统，就会缺少使它有如此多样用法所必需的灵活性。无论我这里就维特根斯坦对《逻辑哲学论》的批评说得对不对，读者都不应该简单地以为，凡是早期哲学与后期哲学有分歧的地方，后期一概是对的，早期一概是错的。没有人会认为维特根斯坦在《逻辑哲学论》里的每一点都是对的。但如果你简单地以为他前期的著作被《哲学研究》取代了，你就有可能得不到许多后期著作没有予以恰当阐明的深刻洞见。无论如何，重要的是不要认为维特根斯坦在《哲学研究》中解读《逻辑哲学论》时绝不会错，而要对照《逻辑哲学论》的实际文本来检验他所说的话。

　　也许，实际上在《哲学研究》靠后的部分，在他并未明确提及《逻辑哲学论》的部分，才发生了与《逻辑哲学论》最深刻而尖锐的交锋。在《逻辑哲学论》中，维特根斯坦似乎默认了一种简单的心智哲学,依这一哲学,理解某断言 p,就是在心里(或许无意识地)把能使"p"成真的情形依次过一遍。虽然这一点很大程度上处于背景之中,但我认为假定这一点是有必要的,这样才能弄懂他的一些说法的意思。(这些说法可能还包括他的另一个假定,即必定有一种判定程序适用于整个逻辑——参见 6.122。)也许正是对理解的这种思考方式,才是他如下说法所批评的对象之一:"姑且试一下吧,不要把理解想成一种'心理过程'!"(注意 §81 的最后一段。)看待维特根斯坦后期对心智现象的讨论,包括看待"私有语言论证"(the 'Private Language Argument')的一个有益的视角,就是把维特根斯坦看作在摆脱他早期采取的对心智之事的思考方式。

进阶阅读书目

（下述著作的文献细目，见本书参考文献）

1. 略说《逻辑哲学论》与其译本 [1]

《逻辑哲学论》有两种英译本可用。第一种为 C.K.奥格登所译，由劳特里奇与凯根·保罗出版社出版。但虽说奥格登名义上是译者，很大一部分翻译工作其实是弗兰克·拉姆齐完成的，维特根斯坦本人也在翻译过程中提了大量意见。其中某些译法取自维特根斯坦本人的建议，尤其是在一些很偏意译之处，如 4.023。（详见 Wittgenstein, *Letters to C. K Ogden*。）这份译本当然不是毫无瑕疵，也正由于对其某些方面有所不满，D.F.皮尔斯和 B.F.麦金尼斯提供了另一版翻译，出版于 1961 年，出版方也是劳特里奇与凯根·保罗出版社。

---

[1] 《逻辑哲学论》原著可参考如下中译本：《逻辑哲学论及其他》，陈启伟译，北京，商务印书馆，2014 年 9 月第 1 版；《逻辑哲学论》，韩林合译，北京，商务印书馆，2013 年 9 月第 1 版；《逻辑哲学论》，贺绍甲译，北京，商务印书馆，1996 年 12 月第 1 版。——译者注

两个译本都可用,选用哪本大体上随个人喜好即可。尽管奥格登版有些错误为后一版所改正,我个人还是喜欢奥格登版,觉得它更得原著神韵,颇有几处妙译。我们在细节层面要记住如下几点:

- 虽然奥格登译本具有从如下事实得来的权威性,即维特根斯坦本人对它提过大量意见,甚至有所贡献,但仍要记住,维特根斯坦本人的英语固然流利,但那不是他的母语,他也只在英国住过不长时间,因此他对英语里细微之处的领会不会是完全到位的,那么即便维特根斯坦对某种译法的认可要予以认真对待,也不能把他当成绝不会犯错误。

- 有一对术语的译法尤其应该留意。"Sachverhalt"和"Sachlage"这两个词,奥格登分别译成"atomic fact"(原子事实)和"state of affairs"(事态)。其中,"原子事实"来自罗素的专门术语,但这个词有可能存在误导,因为我们虽无法谈论不存在的事实,但维特根斯坦式的 Sachverhalt 却既可以存在,也可以不存在。至于"事态"一词,维特根斯坦本人并不喜欢,但也提不出更好的译法。皮尔斯和麦金尼斯则与此不同,他们把"Sachverhalt"和"Sachlage"分别译作"state of affairs"(事态)和"situation"(情形)。这里明显有可能产生混淆,而读者唯一能做的,就是读不同的译本和对译本的评注时,心里明白这方面的分歧之处。本书中我与大多数评论者保持一致,遵从的是皮尔斯和麦金尼斯的译法。

- 有一方面肯定是奥格登译本做得有缺陷的:整本《逻辑哲学论》里,维特根斯坦一直把某些词语当作半技术性的用语来使用。在这种时候,选哪个英语词来译就不如确保译法的前后一贯来得重要。这在下面两对词的情况中特别要紧——"darstellen"和"abbilden",以及"sinnlos"和"unsinnig"。在这两

145

种情况中，维特根斯坦都对这些概念做了明确的区分。在此可
参见 2.201 和 4.461~4.4611。虽然奥格登在这些关键段落用
了"depict"（描绘）和"represent"（表现），以及"without sense"
（不带意义的）和"nonsense"（胡话）来对译，但他没有一贯坚持
这些译法，频频把"abbilden"译成"represent"（表现），把
"sinnlos"和"unsinnig"都译成"senseless"（没有意义的），而这就
有可能带来严重的误导：这样一来，就把维特根斯坦在 6.54 的
说法，弄成是说他这本书里的句子是"没有意义的"，这在《逻
辑哲学论》的专门用法中意味着这些句子是逻辑学的空洞真
理，然而整本书的要点却完全在于一个比这强得多的说法，即
这些句子根本就是胡话。所以若采用奥格登译本来研读《逻
辑哲学论》，要养成习惯，每当出现这些英译词语，就去查看德
语原文用的是哪个词。

　　在本导读中，这两种标准译本我都没有照搬，而是要么采用其
中最贴合原文的译法，要么给出我自己的译文。

2. 传记类著作

B.F. McGuiness, *Wittgenstein, a Life.*

　　《维特根斯坦：一生》（*Wittgenstein, a Life*）。该传记对维特根斯
坦直至 1921 年的人生有透彻的研究，也很可读。

3. 维特根斯坦其他相关文本

Notebooks 1914-16

《1914—1916 年笔记》[1]（*Notebooks 1914-16*）。该书是与《逻辑哲学论》最为直接相关的材料。本书第 3 章开头处讨论过应该如何利用《笔记》。

"Some Remarks on Logical Form".（《有关逻辑形式的一些看法》）

Philosophical Remarks.（《哲学评注》）

Philosophical Grammar.（《哲学语法》）

Philosophical Investigations.（《哲学研究》）

有关维特根斯坦这些后期著作的评论，见本书"接受与影响"。

4. 几本弗雷格、罗素、拉姆齐的相关著作

Frege, *The Foundations of Arithmetic.*

《算术基础》（*The Foundations of Arithmetic*）。单纯从哲学的角度来看，该书是弗雷格的杰作。这本书有革命性的哲学影响，却又写得极其清晰，因此即便不谈它与维特根斯坦的工作有何相干，我也极力推荐。不过，在《逻辑哲学论》本身当中，《算术基础》一书影响到维特根斯坦思想的证据，比《算术基本法则》（*Basic Laws of Arithmetic*）少得多。这点有一个主要的例外，就是所谓的"语境原则"——"一个词只在一个句子的语境中有意谓"（参见《逻辑哲学论》3.3 和 3.314）。维特根斯坦反复重述这一思想，从他早期到后期的哲学著作中一直如此。

1　该书可参考如下中译本：（1）"逻辑笔记（1913 年）"、"向穆尔口述的笔记（1914年 4 月）"、"1914—1916 年笔记"，见《逻辑哲学论及其他》，陈启伟译，北京，商务印书馆，2014 年 9 月第 1 版；（2）《战时笔记（1914—1917）》，韩林合译，北京，商务印书馆，2013 年 6 月第 1 版。——译者注

Frege, *The Basic Laws of Arithmetic.* 147

《算术基本法则》(*The Basic Laws of Arithmetic*)。这是弗雷格尝试完整实施其"逻辑主义"纲领的著作。这一纲领就是把数论的真命题表示为可从一小组基本逻辑公理推导出来的定理。该系统的重大缺陷是包括了这样一条公理(VB),它使得系统可以推出矛盾。取自《逻辑哲学论》的内在证据表明,弗雷格的这份文本,尤其是第一卷开头以散文体写成的导论性章节,是维特根斯坦写作《逻辑哲学论》时最下功夫研读的。

Russell, *Principles of Mathematics.*

《数学的原理》(*Principles of Mathematics*)。该书大有可能是最初影响了维特根斯坦,使他对数学基础产生兴趣,进而对哲学产生兴趣的因素之一。

Russell, "The Philosophy of Logical Atomism".

《逻辑原子主义哲学》(The Philosophy of Logical Atomism)。罗素版本的逻辑原子主义,很值得拿来与《逻辑哲学论》做一比对。

F.P. Ramsey: "The Foundations of Mathematics"。

《数学的基础》(The Foundations of Mathematics)。该文开头几页,至今仍是《逻辑哲学论》的逻辑学说最佳的导引材料之一。

5. 几本有关《逻辑哲学论》的新近书目

Anthony Kenny, *Wittgenstein.*

《维特根斯坦》(*Wittgenstein*)。我把该书排在首位,因为其中对《逻辑哲学论》有格外清晰的介绍。尽管我并不赞同他的某些解读,但该书仍比其他讲《逻辑哲学论》的大多数材料可靠得多。

G.E.M. Anscombe, *An Introduction to Wittgenstein's Tractatus.*

《维特根斯坦〈逻辑哲学论〉导论》(*An Introduction to Wittgenstein's*

Tractatus)。该书题名虽称为"导论",本科生一般仍会觉得难读。但这本书是哲学上最透彻的一份研究作品。

Erik Stenius, *Wittgenstein's Tractatus*.

《维特根斯坦〈逻辑哲学论〉》(*Wittgenstein's Tractatus*)。虽然该书对《逻辑哲学论》中逻辑学方面的处理令人失望,但其他方面仍值得一读。尤为有趣(而无论对错)的是作者对维特根斯坦和康德的比较。

148　James Griffin, *Wittgenstein's Logical Atomism*.

《维特根斯坦的逻辑原子主义》(*Wittgenstein's Logical Atomism*)。如题名所示,该书是对《逻辑哲学论》的"原子主义"的一次有趣的探索,不过我觉得,就《逻辑哲学论》所说的对象会是什么这一问题,他完全弄错了。

A. Crary and R. Read (eds.), *The New Wittgenstein*.

《新维特根斯坦派》(*The New Wittgenstein*)。若有兴趣深入了解"新维特根斯坦派"(见第 7 节,"4. '治疗性'读法"),可参考这份有代表性的文集。

6. 几篇讨论《逻辑哲学论》的文章

P.T. Geach, "Wittgenstein's Operator N". (《维特根斯坦的 N 算子》)

R.M. White, "Wittgenstein on Identity". (《维特根斯坦论同一性》)

这两篇文章有助于理解《逻辑哲学论》中专涉逻辑学的一些方面。

P.T. Geach, "Saying and Showing in Wittgenstein and Frege". (《维特根斯坦和弗雷格的言说和显示》)

该文是论言说/显示之分的一篇关键文章。

P.M. Simons, "The Old Problem of Complex and Fact".(《复合体和事实的老问题》)

该文是研究维特根斯坦分析观的佳作。

P.M. Sullivan, "The Totality of Facts", "A Version of the Picture Theory", "Wittgenstein's Context Principle".(《诸事实的总和》、《图画理论的一个版本》、《维特根斯坦的语境原则》)

新近论《逻辑哲学论》的文章中,很多最佳作品出自彼得·沙利文之手。这三篇尤其值得一读。

参考文献

Anscombe, G. E. M., *An Introduction to Wittgenstein's Tractatus* (Hutchinson: London, 1959).

Austin, J.L., 'Unfair to Facts' (1954; reprinted in Austin, *Philosophical Papers*, 154-74).

— *Philosophical Papers* (ed. J.O. Urmson and G.I Warnock; OUP: Oxford, 1970).

Crary, A. and Read, R. (eds.), *The New Wittgenstein* (Routledge: London, 2000).

Fogelin, R.J., *Wittgenstein* (2nd edn; Routledge: London, 1987).

Frege, G., *Begriffsschrift* (Verlag von Louis Nebert: Halle, 1879 [trans. *Conceptual Notation* by T. W. Bynum; OUP: Oxford, 1972]).

— 'On Sense and Reference' (1892) in *Translations from the Philosophical Writings of Gottlob Frege* (ed. and trans. P. T. Geach and M. Black, Blackwell: Oxford, 1952), 56-78.

— *Foundations of Arithmetic* (1884; trans. J. L. Austin; Blackwell: Oxford, 1959).

— *The Basic Laws of Arithmetic* (Vol. I, 1893; trans. and ed. Montgomery Furth; University of California: Berkeley, 1964).

— *Posthumous Writings* (ed. Hermes, Kambartel and Kaulbach; trans. Long and

White; Blackwell: Oxford, 1979).

Geach, P.T., 'Wittgenstein's Operator N', *Analysis* 41 (1981): 168-70.

— 'Saying and Showing in Wittgenstein and Frege', in Hintikka, *Essays in Honor of G. H. von Wright*.

Griffin, James, *Wittgenstein's Logical Atomism* (OUP: Oxford, 1964).

Hertz, H. (ed. Philipp Lenard), *Die Prinzipien der Mechanik in neuem Zusammenhange dargestellt* (J.A. Barth: Leipzig, 1894).

Hintikka, J. (ed.), *Essays in Honor of G. H. von Wright*, *Acta Philosophica Fennica* 28 (North-Holland Pub. Co: Amsterdam, 1976).

Kant, I. *Critique of Pure Reason* (1781, 1787; trans. N. Kemp Smith; Macmillan: London, 1929).

Kenny, Anthony, *Wittgenstein* (1973; rev. edn; Blackwell: Oxford, 2006).

Lee, D. (ed.), *Wittgenstein's Lectures, Cambridge 1930-32* (Blackwell: Oxford, 1980).

McGuinness, B.F., *Wittgenstein, a Life: Young Ludwig (1889-1921)* (Duckworth: London, 1988).

Ramsey, F. P., 'The Foundations of Mathematics' (1925; reprinted in Ramsey, *Philosophical Papers*, 164-224).

— *Philosophical Papers* (ed. D.H. Mellor; CUP: Cambridge, 1990).

Russell, Bertrand, *Principles of Mathematics* (Allen and Unwin: London, 1903).

— 'The Philosophy of Logical Atomism' (1918, reprinted in Russell, *Collected Papers 8*).

— *Introduction to Mathematical Philosophy* (Allen and Unwin: London, 1919).

— Introduction to Wittgenstein's *Tractatus*.

— *Collected Papers 8: The Philosophy of Logical Atomism and Other Essays* (1914-19; ed. John G. Slater; Allen and Unwin: London, 1986).

Simons, P.M., 'The Old Problem of Complex and Fact' (1983; reprinted in Simons, *Philosophy and Logic*, 319-38).

— *Philosophy and Logic in Central Europe from Bolzano to Tarski* (Kluwer: Dordrecht, 1992).

Stenius, Erik, *Wittgenstein's Tractatus* (Blackwell: Oxford, 1975).

Sterrett, Susan, *Wittgenstein Flies a Kite* (Pi Press: New York, 2006).

Strawson, P.F., 'Truth', in *PAS* Supp. vol. 24 (1950): 129-56.

Sullivan, P.M., 'The Totality of Facts', in *PAS* 100(2000): 175-92.

— 'A Version of the Picture Theory', in W.Vossenkuhl, 2001: *Wittgenstein*, 2001,89-110.

— 'Wittgenstein's Context Principle', in W. Vossenkuhl, *Wittgenstein*, 65-88.

Vossenkuhl, W. (ed.), *Wittgenstein*: *Tractatus-Klassiker Auslegen* (Akademie Verlag: Berlin, 2001).

White, R.M., 'Wittgenstein on Identity', *PAS* 78 (1978): 157-74.

Whitehead, A. N. and Russell, B., *Principia Mathematica*, vol. I (CUP: Cambridge, 1st edn 1910, 2nd edn 1925).

Wittgenstein, L., *Notebooks 1914-16* (ed. G.H. von Wright and G. E. M. Anscombe; 2nd edn; Blackwell: Oxford, 1979).

— *Letters to C. K. Ogden* (Blackwell:Oxford, 1973).

— *Tractatus Logico-Philosophicus* (trans. C. K. Ogden; Routledge: London, 1922; trans. D.F. Pears and B.F. McGuinness; Routledge: London, 1961).

— 'Some Remarks on Logical Form', *PAS* Supp. vol. 9 (1929): 162-71.

— *Philosophical Remarks* (ed. R. Rhees; trans. R. Hargreaves and R. M. White; Blackwell:Oxford, 1975).

— *Philosophical Grammar* (ed. R. Rhees; trans. A. Kenny; Blackwell: Oxford, 1974).

— *The Big Typescript TS 213* (ed. and trans. C.G. Luckhardt and M.A.E. Aue; Blackwell:Oxford, 2005).

— *Philosophical Investigations* (trans. G. E. M. Anscombe; Blackwell: Oxford, 1953).

索引

译者致谢与说明

感谢吴易骅介绍我翻译本书，感谢朱婧、周炼等朋友帮我校订译稿、推敲译名，并给予我鼓励。感谢本书编辑邹荣老师的细致工作。

本书引自维特根斯坦《逻辑哲学论》等原著的段落和术语，均由本人重新翻译，也参考了现有的各家译本。引自维特根斯坦《哲学研究》的段落主要采用陈嘉映先生的译文，个别地方有微调。

译文错漏之处，望读者不吝指正。

张晓川

2017 年 1 月

图书在版编目（CIP）数据

导读维特根斯坦《逻辑哲学论》/（英）罗杰·M.怀特（Roger M. White）著；张晓川译. --重庆：重庆大学出版社，2018.5（2025.2 重印）
（思想家和思想导读丛书）
书名原文：Wittgenstein's 'Tractatus Logico-Philosophicus'：A Reader's Guide
ISBN 978-7-5689-1056-9

Ⅰ.①导… Ⅱ.①罗…②张… Ⅲ.①逻辑哲学—研究 Ⅳ.①B81-05

中国版本图书馆 CIP 数据核字（2018）第 069561 号

导读维特根斯坦《逻辑哲学论》
DAODU WEITEGENSITAN LUOJI ZHEXUE LUN

罗杰·M.怀特 著
张晓川 译
特约编辑：邹 荣 任绪军
责任编辑：贾 曼 邹 荣 版式设计：邹 荣
责任校对：邹小梅 责任印制：张 策

*

重庆大学出版社出版发行
出版人：陈晓阳
社址：重庆市沙坪坝区大学城西路 21 号
邮编：401331
电话：（023）88617190 88617185（中小学）
传真：（023）88617186 88617166
网址：http://www.cqup.com.cn
邮箱：fxk@cqup.com.cn（营销中心）
全国新华书店经销
重庆市正前方彩色印刷有限公司印刷

*

开本：890mm×1168mm 1/32 印张：6.75 字数：167 千 插页：32 开 2 页
2018 年 5 月第 1 版 2025 年 2 月第 5 次印刷
ISBN 978-7-5689-1056-9 定价：35.00 元

Wittgenstein's Tractatus Logico-Philosophicus：*A Reader's Guide,* by Roger M. White, ISBN：978-0-824648-618-9

© Roger M. White 2006
This translation is published by arrangement with Bloomsbury Publishing Plc.

版贸核渝字 (2020) 第 218 号

gu⅄de

思想家和思想导读丛书

★ 表示已出版

思想家导读

导读齐泽克★   导读德里达★
导读德勒兹★   导读弗洛伊德(原书第2版)★
导读尼采★   导读海德格尔(原书第2版)
导读阿尔都塞★   导读鲍德里亚(原书第2版)★
导读利奥塔★   导读阿多诺★
导读拉康★   导读福柯★
导读波伏瓦★   导读萨义德(原书第2版)
导读布朗肖★   导读阿伦特
导读葛兰西★   导读巴特勒
导读列维纳斯★   导读巴赫金★
导读德曼★   导读维利里奥
导读萨特★   导读利科
导读巴特★

思想家著作导读

导读尼采《悲剧的诞生》★   导读德勒兹《差异与重复》
导读巴迪欧《存在与事件》   (亨利·萨默斯-霍尔 著)
导读德里达《书写与差异》   导读德勒兹与加塔利《什么是哲学?》
导读德里达《声音与现象》   导读福柯《性史(第一卷):认知意志》★
导读德里达《论文字学》   导读福柯《规训与惩罚》★
导读德勒兹与加塔利《千高原》★   导读萨特《存在与虚无》
导读德勒兹《差异与重复》   导读维特根斯坦《逻辑哲学论》★
(乔·休斯 著)   导读维特根斯坦《哲学研究》

思想家关键词

福柯思想辞典★   布迪厄:关键概念(原书第2版)
巴迪欧:关键概念★   福柯:关键概念
德勒兹:关键概念(原书第2版)   阿伦特:关键概念★
阿多诺:关键概念★   德里达:关键概念
哈贝马斯:关键概念★   维特根斯坦:关键概念
朗西埃:关键概念